# 斜发沸石对能量调控灌溉稻田氮磷利用的影响研究

郑俊林　陈涛涛　著

辽宁科学技术出版社
·沈阳·

**图书在版编目（CIP）数据**

斜发沸石对能量调控灌溉稻田氮磷利用的影响研究 / 郑俊林，陈涛涛著. —沈阳：辽宁科学技术出版社，2023.9

ISBN 978-7-5591-3203-1

Ⅰ.①斜… Ⅱ.①郑… ②陈… Ⅲ.①沸石—应用—稻田—农田灌溉—研究 Ⅳ.①S275

中国国家版本馆 CIP 数据核字（2023）第157830号

出版发行：辽宁科学技术出版社
　　　　（地址：沈阳市和平区十一纬路25号　邮编：110003）
印 刷 者：辽宁鼎籍数码科技有限公司
经 销 者：各地新华书店
幅面尺寸：170mm×240mm
印　　张：6.5
字　　数：130千字
出版时间：2023年9月第1版
印刷时间：2023年9月第1次印刷
责任编辑：陈广鹏
封面设计：周　洁
责任校对：栗　勇

书　　号：ISBN 978-7-5591-3203-1
定　　价：58.00元

联系电话：024-23280036
邮购热线：024-23284502
http://www.lnkj.com.cn

# 前　言

　　水稻是世界上最重要的粮食作物之一，随着世界人口数的不断增长，据估算，到2050年，人类对水稻的需求量将比2001年高出56%。在中国超过95%的水稻种植在传统淹灌条件下。传统淹灌不仅需水量高，且浪费极为严重。与此同时，严重的区域及季节性水资源短缺、有限的水源及城市和工业化发展对需水量的增加，进一步加剧了水资源短缺问题。因此，自20世纪80年代以来，国内外相继开展了大量节水灌溉技术研究。其中，干湿交替灌溉是应用最为广泛的一种节水技术。干湿交替灌溉不仅能减少灌溉水量、提高水分利用效率，还具有缓解稻田温室气体排放、降低稻米砷积累、减少土壤甲基汞浓度及节省能源消耗等优点。尽管如此，干湿交替灌溉对水稻产量的影响仍存在较多争议，与常规淹灌相比，既有报道增产的，也有报道稳产和减产的。基于常规干湿交替灌溉提出的能量调控灌溉技术，该灌溉模式中土水势阈值并非固定，而是依据水稻不同生育期对水分胁迫敏感程度的不同而变化，不仅能节约灌溉水量，还能维持甚至提高水稻产量。然而，干湿交替灌溉下，稻田土壤始终处于淹水与非淹水交替的状态，土壤落干时，$NH_4^+$在有氧环境下会发生硝化作用转化为$NO_3^-$；复水后，土壤处于缺氧环境，$NO_3^-$会发生反硝化作用生成$N_2$或$N_2O$挥发到大气中。干湿交替灌溉通过加重稻田土壤硝化-反硝化作用强度，进而增加氮素损失。此外，干湿交替灌溉下，土壤磷素溶解性和有效性也会降低，往往需要施以更高量的磷肥以获取水稻高产。因此，基于能量调控灌溉技术寻求高效氮磷管理方式，对于提高稻田氮磷利用效率、降低面源污染和水体富营养化等环境问题具有重要意义。

　　斜发沸石由于具有较高的阳离子交换量，对$NH_4^+$具有极强的吸附性，可将吸附的$NH_4^+$缓慢释放以供给植物吸收利用，进而改善植株生长并提高作物产量。相关研究成果已经在*Agricultural Water Management*、*International Journal of Agricultural and Biological Engineering*、*Agronomy*、《沈阳农业大学学报》等国内外报刊上发表。大量研究表明，沸石作为改良剂可减少土壤氮素淋溶，增加氮素利用率。沸石应用于土壤中，可通过阻止硝化作用以增强对 $NH_4^+$ 的吸附，从而减少 $NO_3^-$ 淋溶。沸石与氮肥混施可以增加植株对氮素的吸收和干物质量，提高氮肥利用效率，并减少氨挥发损失。沸石晶体结构由于具有较高的孔隙率和比表面积，可通过提高土壤的持水能力和水分对植株的有效性，以提高水分利用效率。此外，也有研究表明，铵饱和沸石与磷矿粉混合施用，可显著增加植株对磷素的吸收。斜发沸石应用到干湿交替稻田中，一方面可通过影响土壤pH提高有效磷含量，另一方面可通过增加干旱时期土壤含水量以提高磷肥溶解性，进而增加植株对磷素的吸收利用。因此，将斜发沸石应用到能量调控灌溉稻田中，有望改变土壤蓄水保肥能力，减少铵态氮、硝态氮流失并促进磷素有效性，进而提高水肥利用效率，提高水稻产量，减少面源污染，为农业绿色高效发展提供理论依据。

将具有保氮、促磷和持水特性的天然无机材料——斜发沸石应用于稻田中，在能量调控灌溉实现水稻节水稳产的基础上，利用斜发沸石对 $NH_4^+$ 的强吸附性及对有效磷的促进作用，以期改善稻田的氮磷利用，降低氮素淋溶损失，缓解地下水硝酸污染，并进一步实现水稻增产。本书运用非称重式蒸渗仪（测坑），采用裂区试验设计，研究了不同灌溉模式与斜发沸石量对水稻生长生理特性、产量、稻米品质、渗漏液与土壤无机氮含量及水分利用的影响，阐明了斜发沸石的保氮增产机制；采用室内试验，研究了不同斜发沸石量对土壤持水性能的影响，以揭示斜发沸石的节水机制；运用称重式蒸渗仪（测筒），采用裂-裂区试验设计，研究了不同灌溉模式与磷肥管理下斜发沸石对土壤有效磷、水稻各器官及地上部磷吸收、地上部干重、产量及水分利用的影响，阐明了稻田磷素对斜发沸石的响应及其增产机制。

本书在编写过程中，得到沈阳农业大学迟道才、夏桂敏、刘光岩等，辽宁省水利水电科学研究院有限责任公司陈伟、于建明、邰恩博等，吉林省水利科学研究院佟延旭，淮安市水利勘测设计院有限公司卜祥烯等的指导和帮助，在此表示诚挚的谢意。

由于作者水平有限，书中不足之处亦必颇多，敬请同行专家、学者批评指正。

作者

2023年4月30日

于沈阳

# 目 录

# 1 绪论

## 1.1 研究目的与意义

### 1.1.1 水稻节水灌溉的研究意义

水稻是世界上最重要的粮食作物之一，人均对水稻的年需求量已超过50kg（FAO，2016）。2014与2015年，全球水稻总生产量达$4.78 \times 10^8$t，其中超过90%的水稻直接用于供养人类（USDA，2016）。随着世界人口数的日益增长，据估算，到2050年人类对水稻的需求量将比2001年（$3.61 \times 10^7$t）高出56%（Mukherjee et al.，2011；Kabir et al.，2015）。随着农业有效耕地面积的逐年减少，唯有提高水稻生产力，才能满足日益增长的人口对粮食的需求。在中国，超过95%的水稻种植在传统淹灌条件下（Maclean et al.，2002）。传统淹灌需水量高达6000~9000 $m^3/hm^2$，且浪费极为严重（顾春梅与赵黎明，2012）。水稻在淹灌条件下，需水量是其他粮食作物（如小麦和玉米）的2~3倍（Bouman et al.，2007），我国稻田耗水量占总淡水资源的近50%（Cai and Chen，2000）。此外，我国水资源短缺问题日益严峻，人均水资源占有量尚不及世界平均水平的1/4（Li，2006）。与此同时，严重的区域及季节性水资源短缺、有限的水源及城市和工业发展对需水量的增加，进一步加剧了水资源短缺问题（Li and Li，2010；Sun et al.，2012）。因此，淡水资源短缺正严重威胁着我国水稻生产［International Water Management Institute（IWMI），2000］。传统淹灌费力、费水、费时，稻田供水耗费大量的劳动力、能源及时间（Mahajan et al.，2012）。我国灌溉水利用效率仅为40%左右，水分生产率不足1.0kg/$m^3$，均低于发达国家水平（陈琳，2010）。灌溉模式的不合理，造成了水资源浪费严重、水分利用效率低下，加剧了水资源短缺与水环境污染等问题。因此，为确保灌溉水稻生产体系可持续性不受农业有效水降低的威胁，并保证粮食安全，必须寻求高效节水技术以降低稻田耗水量、提高水分利用效率，维持甚至提高水稻产量

（Belder et al., 2004; Feng et al., 2007; Yao et al., 2012）。

为了解决水资源短缺问题，降低稻田耗水量，自20世纪80年代以来，国内外相继开展了大量节水灌溉技术研究，以期寻求较优的节水方式，让农民以最低耗水量实现水稻稳产甚至增产。在我国各水稻种植地区，多种高效节水技术经试验、发展、应用并得以推广，如：①浅水层结合干湿交替技术；②干湿交替灌溉技术（AWD）；③半干旱栽培技术；④旱稻栽培技术；⑤非淹灌覆膜栽培技术（Mao, 2001; Feng et al., 2007; Zhang et al., 2008a）等。其中，干湿交替灌溉是应用最为广泛的一种节水技术（也称"淹水–非淹水交替灌溉"或"间歇灌溉"）（Tuong and Bouman, 2003; Belder et al., 2004; Cabangon et al., 2011）。干湿交替灌溉技术在稻田应用中也实现了较多的正效应（Mao, 2001; Dong, 2008; Zhang et al., 2009; Yao et al., 2012）。干湿交替灌溉之所以成为研究热点，是因为其不仅能减少灌溉水量、提高水分利用效率，还具有缓解稻田温室气体排放（尤其是甲烷）（Li et al., 2006a）、降低稻米砷积累（Linquist et al., 2014; Das et al., 2016）、减少土壤甲基汞浓度（Rothenberg et al., 2016）和节省灌溉水泵能源消耗（Kürschner et al., 2010; Nalley et al., 2015）等优点。尽管如此，AWD对水稻产量的影响仍存在较多争议，与常规淹灌相比，有报道增产的（Yang and Zhang, 2006; Liu et al., 2013; Li et al., 2016），有报道稳产的（Belder et al., 2004; Lampayan et al., 2014; LaHue et al., 2016），也有报道减产的（Bouman and Tuong, 2001; Cabangon et al., 2004; Xu et al., 2015）。AWD对水稻产量影响的多变性或许与以下因素有关，如土壤类型、土壤干旱程度、灌溉时间、水稻生长期间气候条件、氮肥管理方式及水稻品种等（Bouman and Tuong, 2001; Belder et al., 2004; Zhang et al., 2008a, 2009; Liu et al., 2013）。Lampayan et al.（2015）表明，AWD是否造成水稻减产不仅与灌溉前土壤干旱程度有关，还与干旱所发生的生育期有关。迟道才与王殿武（2003）基于常规干湿交替灌溉提出了能量调控灌溉技术（Energy-controlled irrigation, EC），该灌溉模式中土水势（Soil water potential, SWP）阈值并非固定，而是依据水稻不同生育期对水分胁迫敏感程度的不同而变化，经多年试验研究证明，能量调控灌溉不仅能节约灌溉水量，还能维持甚至提高水稻产量。

### 1.1.2　斜发沸石应用于稻田中的研究意义

氮是蛋白质和核酸的重要组成部分，是作物生长的决定因素之一，在维持作物生产方面具有重要作用（Spiertz, 2010），当土壤中含氮量不足时，作物生长会减少（Wienhold et al., 1995）。氮肥的投入在作物增产方面起着重要作用（Xu et al., 2012）。农民常用高于作物所需的氮肥量以获取高产，这往往不仅导致氮肥利用率低下和大量的氮肥损失（Wang et al., 2004; Peng et al., 2006），还将引起严重的地表水、地下水和大气污染（Liu and Diamond, 2005, 2008; Ju et al., 2009）等环境问题。硝态氮在水中具有高度溶解性，容易向下渗漏，且土壤颗粒表面带负电，与$NO_3^-$形成净排斥作用，进一步加剧了$NO_3^-$渗漏（Li, 2003; Li et al., 2006b），对地下水造成严重污染；同时，$NO_3^-$还会发生反硝化作用（尤其是在潮湿的土壤中）生成$N_2O$或$N_2$损失到大气中，造成臭氧层耗竭等大气污染问题（Qian et al., 1997）。在作物生产中，从轻质土到重质土范围内，氮肥利用效率普遍较低（Pirmoradian et al., 2004）。一般来说，普通氮肥的40%~70%会损失到环境中而未被作物所吸收，这不仅造成了大量的经济和资源损失，其引起的$NO_3^-$环境污染还会对人类健康造成威胁（Wu and Liu, 2008）。大量研究证明，饮用水中$NO_3^-$水平过高将引起高铁血红蛋白血症（Fewtrell, 2004）、肺癌（Kirchmann et al., 2002）及非霍奇金淋巴瘤（Kilfoy et al., 2010）等疾病。

然而，干湿交替灌溉下稻田氮素损失及其引起的$NO_3^-$淋溶等问题更为严重。AWD可通过改变水稻种植体系中的氮循环过程以影响作物产量（Dong et al., 2012）。在干湿交替条件下，稻田土壤长期处于淹没与非淹没交替循环的状态，将形成有氧与无氧环境，落干时土壤处于有氧环境，$NH_4^+-N$易发生硝化作用转化为$NO_3^--N$；复水后土壤处于无氧环境，硝化作用形成的$NO_3^--N$一方面会随水分迁移到地下，另一方面易发生反硝化作用转化为$N_2$或$N_2O$挥发掉，如此频繁的干湿交替循环过程将加剧土壤硝化–反硝化作用强度，加重氮素损失。因此，在稻田节水前提下，寻求适宜的氮肥管理方式以降低氮素损失、提高氮肥利用率具有重要意义。近年来，研究者们尝试通过以下方式来缓解这一问题：实地氮肥管理（SSNM）、平衡施氮法、综合氮肥管理法、应用硝化/脲酶抑制剂、应用缓/控释肥、应用土壤改良剂等（Spiertz, 2010; Sepaskhah and Barzegar, 2010; Jat et al., 2012）。其中，土壤改良剂的研究在近年来较为广泛，而斜发沸石作为无机土壤改良剂，在农业领域更是得到了广泛应用。

天然沸石是一种铝硅酸盐矿物，其独特的理化性质使之成为适宜的土壤改良剂和植物养分载体，在农业领域得到了广泛关注（McGilloway et al., 2003; Rehakova et al., 2004）。其中，斜发沸石由于具有较高的阳离子交换量（Cation exchange capacity, CEC）和对$NH_4^+$的强吸附性，在农业生产中应用最为普遍（Rehakova et al., 2004）。斜发沸石可将其吸附的$NH_4^+$缓慢释放以供给植物吸收利用（Sepaskhah and Yousefi, 2007），进而改善植株生长并提高作物产量。斜发沸石常被用作廉价的阳离子交换剂，以控制$NH_4^+$、$K^+$等离子的释放（Allen et al., 1993, 1996）。大量研究表明，沸石作为改良剂可减少土壤氮素淋溶（Chimic and Torma, 1992; Huang and Petrovic, 1994），增加氮素利用率。沸石所具有的高$NH_4^+$保留能力已多次在农业土壤中得到证实，许多研究表明，沸石应用于土壤中，可通过阻止硝化作用以增强对$NH_4^+$的吸附，从而减少$NO_3^-$淋溶（Sutherland et al., 2004; Zwingmann et al., 2009; Tarkalson and Ippolito, 2010）。沸石与氮肥混施可以增加植株对氮素的吸收和干物质量，提高氮肥利用效率，并减少氨挥发损失（He et al., 2002）。沸石晶体结构由于具有较高的孔隙率和比表面积，可通过提高土壤的持水能力和水分对植株的有效性，以提高水分利用效率（He and Huang, 2010）。此外，也有研究表明，铵饱和沸石（$NH_4^+$–zeolite）与磷矿粉混合施用，可显著增加植株对磷的吸收（Pickering et al., 2002）。作物对养分与水分的吸收是两个紧密相关的生理过程，土壤磷对植株的有效性与土壤氧化还原状态高度相关（Borggaard et al., 2005），因此，土壤中磷素的有效性受灌溉模式的影响（Haefele et al., 2006）。干湿交替灌溉稻田有效磷含量往往较低（Somaweera et al., 2016），斜发沸石应用到干湿交替稻田中，一方面能通过影响土壤pH提高有效磷含量，另一方面可通过增加干旱时期土壤含水量以提高磷肥溶解性，进而增加植株对磷素的吸收利用。斜发沸石还可增强植物组织中$K^+$的含量，并减少$K^+$的淋溶损失，主要是由于其具有较高的CEC，导致吸附到沸石结构中的$K^+$缓慢释放到根区，以供植株吸收利用（Gül et al., 2005）。因此，沸石作为土壤改良剂，将其添加到节水稻田中能改变土壤蓄水保肥能力，减少铵态氮（$NH_4$–N）、硝态氮（$NO_3$–N）流失并促进磷素有效性，进而提高水肥利用效率，提高水稻产量，减少面源污染，可为农业可持续发展及生态农业的实现奠定重要基础。

## 1.2　国内外研究进展

### 1.2.1　干湿交替灌溉研究进展

在干湿交替灌溉下，稻田并非一直处于淹灌状态，而是在稻田积水消失后，土壤允许落干一到几天，之后进行灌溉。干湿交替灌溉（AWD）又被称之为"间歇灌溉", 最早由美国学者于1979年提出（姚林等, 2014）, 后来在东亚与东南亚地区广泛发展。AWD技术已在亚洲一些国家得到广泛试验和改进, 尤其是中国、菲律宾、越南和孟加拉等国（Lampayan et al., 2015）。自20世纪90年代初起, 水稻干湿交替灌溉技术开始在中国主要粮食生产区大面积推广。目前, 干湿交替灌溉在中国已发展成为一项广泛采用的节水技术, 被认为是最常用的水稻节水灌溉技术（Li and Barker, 2004）, 该技术每年的推广面积已超过1200万hm$^2$（Zhang et al., 2009）。

### 1.2.1.1 干湿交替灌溉节水机制及效应

田间水平下, 淹灌水稻耗水量较大, 主要是由于无效水以侧向渗流和垂向渗漏的形式流向排水沟、河流以及地下水中。而这些无效水能占到水稻总耗水量的60%～80%, 因此, 降低无效水的侧向渗流和垂向渗漏是减少稻田灌溉水量的一种重要方式（Bhuiyan et al., 1995; Bouman and Tuong, 2001; Li, 2001; Tabbal et al., 2002）。在干湿交替过程中, 当土壤处于干旱时, 压力水头几乎不存在, 侧向渗流和垂向渗漏下降到几乎为零（Bouman et al., 2007）, 从而降低灌溉水量。

在传统的水稻栽培体系中, 水稻在整个生长季始终处于淹水状态, 然而水稻在发展的过程中, 已经对间歇淹灌条件形成了适应性, 并具有"半水生特性", 因此, 稻田没有必要持续保持淹水状态（Bouman et al., 2007; Kato and Okami, 2010）。在水稻栽培过程中, 水稻对水分的利用具有一定的变化性和灵活性。Wu（1998）和Mao（2001）认为, AWD通过合理控制水稻关键生长期的水分补给, 以满足水稻的生理需水, 从而降低灌溉水量。据报道, 与持续淹灌相比, AWD可减少23%～33%的灌溉水量（Carrijo et al., 2017）。一些亚洲国家, 如中国（Cabangon et al., 2004; Yao et al., 2012）、印度（Mahajan et al., 2012）、菲律宾（Cabangon et al., 2011）等, 对干湿交替灌溉和淹灌进行了大量田间对比试验, 试验结果均表明AWD的确存在较高的节水潜力。Belder et al.（2004）报道, AWD条件下灌溉水量和总耗水量分别节约了6%～14%和15%～18%。Feng et al.（2007）表明, AWD减少了36.6%的灌溉水量和22%的总耗水量。Yao et al.（2012）表明, AWD在2009和2010年分别节约了24%和38%的灌溉水量。Belder et al.（2007）和Bouman et al.（2007）总结亚洲地区试验数据并得出, 与淹灌相比, AWD可获得相当的产量, 而总耗水量减少15%～30%。Singh et al.（1996）报道, 在印度, 与传统持续淹灌相比, AWD可减少40%～70%的耗水量, 而没有显著的产量损失。Lu et al.（2000）综合文献结果得出，在间歇灌溉下，田面水层消失1~5d后再次灌溉，可以节约25%~50%的灌溉水量并获得与淹灌相当的产量。尽管AWD对水稻产量影响的结论并不一致，在减产的情况下，AWD仍可提高水稻水分利用效率，因为一般来说，AWD下灌溉水量的减少要高于产量的降低（Tuong and Bouman，2003）。在某些情况下，与传统淹灌相比，AWD下水分利用效率甚至提高了1倍，但是产量减少高达30%（Tabbal et al., 1992）。

### 1.2.1.2　干湿交替灌溉对水稻生长生理特性的影响

水稻群体质量是决定其产量高低的一个重要前提（张自常等，2011）。Yang and Zhang（2010）指出，与常规淹灌相比，干湿交替灌溉显著降低了水稻叶面积指数，增强了根系活力，并维持了相当的有效穗数。Wang et al.（2016）表明，与持续淹灌（Continuous flooding, CF）相比，轻度干湿交替灌溉（AWMD）能实现较高的产量和水分利用效率，主要由于AWMD提高了抽穗期水稻有效分蘖率和有效叶面积指数比例，从而减少了冗余的营养生长并改善了冠层结构。冠层质量的改善会减少无效分蘖生长引起的水氮消耗和冗余叶面积蒸腾所消耗的水量（Yang and Zhang, 2010）。尽管重度干湿交替灌溉（AWSD）也减少了冗余生长，却显著降低了有效分蘖数和有效叶面积。Kumar et al.（2017）表明，适度干湿交替灌溉将改善水稻冠层质量，减少耗水量，维持产量并提高水分生产率。Norton et al.（2017a）研究表明，与CF相比，AWD下水稻植株生物量提高了，而总分蘖数无显著变化。也有研究表明，AWD与CF相比减少了总分蘖数（Yang and Zhang, 2010; Chu et al., 2015）。Howell et al.（2015）对两个水稻品种进行试验发现，其中一个品种在AWD下有效分蘖数比CF高14%，而每穗粒数却减少了11%。

叶片是植株进行光合作用的场所，适宜的叶面积指数与作物高产密切相关。叶面积指数随土壤水分降低而减少，主要归因于土壤水分的降低抑制了叶片细胞的扩展，进而减缓叶片生长，降低叶面积指数（周明耀等，2006）。Chu et al.（2018）研究表明，与CF相比，AWD显著降低水稻叶面积指数。张自常等（2011）表明，AWD总叶面积指数与CF无差异，而高效叶面积比率却较CF提高了4%~5%。Wang et al.（2016）研究发现，在相同施氮水平下，与CF相比，轻度干湿交替灌溉增加而重度干湿交替灌溉降低了有效叶面积指数。因此，适宜的干湿交替灌溉将增加水稻有效叶面积指数，提高作物群体光合生产能力，进而提高水稻产量。

　　根系作为植物器官的重要组成部分，与植株对养分、水分的获取及植物激素的合成密切相关（Yang et al., 2004）。根系生物量和氧化活性被认为是根系形态和生理特征中最重要的两个特性，因为根系生物量与根系吸收养分和水分的能力密切相关，而高的根系氧化活性是维持根系生物量、根系和地上部生长及离子吸收所必需的（Samejima et al., 2004; Zhang et al., 2009）。一般来说，生物量和活性都有较大的根系，具有较强的水分和养分吸收能力，将有利于作物高产的形成（Jayakumar et al., 2005; Zhang et al., 2009; Kato and Okami, 2010）。已有研究表明，干湿交替灌溉下水稻根系生物量显著高于持续淹灌（Zhang et al., 2009; Dong et al., 2012）。轻度干湿交替灌溉能较大地改善根系的萌发和延伸，尤其是侧根（Liang et al., 1996）。Wang et al.（2016）表明，轻度干湿交替灌溉下，水稻生长后期根系生物量和氧化活性的增加将有利于地上部生物量、光合势、作物生长速率及光合速率的提高，最终提高产量，而重度干湿交替灌溉却表现出负效应。Thakur et al.（2018）研究发现，适度AWD灌溉下，水稻根系得到延伸且活性得到提高，显著影响了作物地上部生理与表现。Yang et al.（2012）总结发现，轻度AWD能显著改善水稻穗分化期根尖细胞结构，增加根系长度和细胞分裂素，从而提高作物产量及水氮利用率。大量研究表明，根生物量、根长密度、根氧化活性、根源激素的提高都会改善地上部生长和发展，最终导致高产（Yang et al., 2007; Dong et al., 2012; Zhou et al., 2017）。AWD下土壤透气性较好，提高了根际溶氧量，进而减少有毒的还原性物质对根系的伤害，改善根系的生长及功能，且AWD能促进根系向更深层土壤生长，增强根系对水分和养分的吸收能力，促进地上部生长发育（王丹英等，2008）。因此，干湿交替灌溉下，水稻根系具有较强的生理活性，或许是水稻高产的主要原因（Li et al., 2018）。

　　光合作用是作物产量形成的基础，作物经济产量的90%以上来自光合产物积累（Roháček and Barták, 1999）。干湿交替灌溉可通过改善水稻群体冠层结构，提高群体透光率和有效光合面积，进而增加光合速率并促进干物质积累（肖新等，2005）。在节水灌溉下，节约的水量一般来自作物蒸腾或土面蒸发的减少，叶片气孔导度的减少会导致蒸腾速率降低，从而减小光合作用（Farquhar and Sharkey, 1982; Weng et al., 2005）。水分胁迫下，叶片气孔关闭导致$CO_2$有效性降低，将直接影响作物光合速率（Flexas et al., 2006; Chaves et al., 2009）。卞金龙等（2017）研究表明，在土壤干旱期，轻度干湿交替灌溉与持续淹灌处理间叶片光合速率无显著差异，而复水后干湿交替灌溉处理显著高于持续淹灌。干湿交替对水稻光合作用的影响也在很大程度上取决于土壤干旱程度，适度的土壤干湿交替可以改善作物群体质量，提高光合生产力，增加产量；而重度干湿交替则会抑制叶片光合作用，降低水稻产量（徐国伟等，2017）。

### 1.2.1.3　干湿交替灌溉对稻田氮素利用的影响

不同灌溉模式会影响稻田氮素的迁移与转化，进而影响水稻对氮肥的吸收利用（Cabangon et al., 2011; Sun et al., 2012）。干湿交替灌溉下，稻田土壤处于淹灌与非淹灌交替状态，土壤落干时，$NH_4^+$在有氧环境下会发生硝化作用转化为$NO_3^-$；复水后，土壤处于缺氧环境，$NO_3^-$会发生反硝化作用生成$N_2$或$N_2O$挥发到大气中。因此，干湿交替灌溉通过加重稻田土壤硝化-反硝化作用强度，进而增加氮素损失。

近年来，有关干湿交替灌溉对水稻氮素吸收影响的报道较多，但观点尚不一致。Reddy and Patrick Jr（1975）通过室内试验发现，土壤在经历了32次干湿交替循环后，总氮量损失了24%。田间试验也表明，由于干湿交替过程加强了氨挥发和硝化-反硝化作用强度，干湿交替灌溉会增加氮素损失，减少植株总氮吸收（Sah and Mikkelsen, 1983; Eriksen et al., 1985; Zou et al., 2007; Norton et al., 2017b）。王昌全等（1997）也认为，非充分灌溉引发的水分胁迫影响了土壤中氮素迁移，抑制了水稻群体发展，导致水稻吸氮能力下降。Dong et al.（2012）表明，尽管干湿交替灌溉下硝化-反硝化作用引起的氮素损失要高于持续淹灌，而氮素损失量仅占施氮肥总量的2.5%，因此，该损失是可以忽略的。Belder et al.（2005）研究指出，仅当田间地下水位深度超过40cm时，干湿交替灌溉才会对水稻产量、总氮积累和氮肥利用率产生负面影响。也有研究认为，与持续淹灌相比，干湿交替灌溉对稻田氮素损失没有影响（Manguiat and Broadbent, 1977; Fillery and Vlek, 1982; Yang et al., 2004; Yao et al. 2012）。还有研究发现，基于干湿交替的节水灌溉模式可以增加植株总氮积累和氮肥利用率（Liu et al., 2013; Xue et al., 2013; Wang et al., 2016）。Laulanie（1993）和Bouman et al.（2007）研究认为，非充分灌溉条件下水稻根系活力高，有利于增强吸氮能力，促进氮素的积累。杨建昌等（1996）、王绍华等（2004）和Wang et al.（2016）研究表明，轻度干湿交替灌溉增加了植株总氮吸收，而重度干湿交替灌溉则减少了总氮吸收，并将其归因于重度胁迫下植株对氮吸收的抑制或者土壤氮损失的增加，因此推测，干湿交替灌溉是否引起氮素损失，很大程度上取决于土壤干旱程度。

尽管稻田氮素硝化–反硝化损失有时很显著，氨挥发仍是稻田氮素损失的主要途径（Fillery and Vlek, 1982; Eriksen et al., 1985）。研究表明，稻田氨挥发损失占施氮量的10%～60%（Fillery and De Datta, 1986; Cai and Zhu, 1995; Tian et al., 2001; Liang et al., 2007）。氨挥发速率受氮肥管理方式、气候条件及水分管理等因素的影响（Fenn and Hossner, 1985; Jayaweera and Mikkelsen, 1991; Sommera et al., 1991; Hayashi et al., 2006; Li et al., 2008）。目前为止，干湿交替灌溉对稻田氨挥发影响的结论仍不一致。Dong et al.（2012）报道，持续淹灌下田面水pH高于干湿交替灌溉，因而氨挥发损失量更大（干湿交替和持续淹灌下氨挥发量分别占施氮量的13%和21%）。同样，Xu et al.（2012）也发现，交替灌溉下，频繁的干湿循环会降低土壤氨挥发损失。而Dong（2008）则认为，与持续淹灌相比，干湿交替灌溉增加了氨挥发损失。Li et al.（2008）表明，浅水层下土壤对$NH_4^+$的束缚增强，从而降低氨挥发损失。相反，Patel et al.（1989）研究表明，在水层较浅时，干湿交替与持续淹灌下氨挥发量是相当的，随着水层的增加，氨挥发量会显著降低。稻田灌溉水层较深时，氨挥发量随$NH_4^+$的稀释效应而降低（Win et al., 2009, 2010）。干湿交替灌溉对稻田氨挥发结果的多样性，或许与施肥时的水分管理有关（Li et al., 2008）。Xu et al.（2012）研究发现，在施肥后的第一次干湿交替周期内，控制灌溉（类似干湿交替）处理下浅水层导致的氨挥发损失显著高于持续淹灌，并建议在控制灌溉条件下，应在施肥后的首次干湿交替循环内增加淹水深度和淹水历时，以减少稻田氨挥发损失，提高氮肥利用率。

### 1.2.1.4　干湿交替灌溉对水稻磷素吸收的影响

磷是作物生长所必需的主要元素之一，在水稻生长过程中起着重要作用。由于磷具有固定性、难溶性等特点，其在土壤中的有效性往往是受限的（Shokouhi et al., 2015）。作物对水分和养分的吸收是两个密切相关的过程（Suriyagoda et al., 2014），作物对磷的吸收很大程度上受制于土壤水分的有效性。土壤磷对植物的生物有效性，与土壤的氧化还原状态密切相关（Torrent, 1997; Borggaard et al., 2005），易受灌溉模式的影响（Haefele et al., 2006）。一般来说，在传统淹灌条件下，土壤磷有效性还是较高的。吕国安等（2000）研究认为，在干湿交替灌溉下，由于土壤通气性增加，氧化还原电位随之升高，土壤有效磷含量降低，水稻对磷的吸收也受到限制。这主要是由于土壤中的一些金属离子在干旱条件下以高价形式存在（如$Fe^{3+}$），容易与土壤中的速效磷反应形成难溶的化合物，从而降低磷的有效性。庞桂斌等（2009）研究发现，与持续淹灌相比，控制灌溉降低了水稻叶片和茎秆中磷含量。林洪鑫等（2012）研究表明，间歇灌溉抑制了水稻植株生育前期磷积累量，促进生育后期磷积累，提高茎鞘磷转运量和穗部磷积累量。Kato et al.（2016）表明，水分胁迫造成了水稻植株磷素严重亏缺，降低了磷素利用效率，进而降低植株生物量积累。

在干湿交替灌溉下，由于土壤磷素溶解性和有效性的降低，往往需要施以更高量的磷肥以获取水稻高产（Somaweera et al., 2016）。过量的磷肥施入稻田，不仅会导致磷肥利用率低下，还会引起水体富营养化等环境问题。因此，寻求高效磷肥管理方式（尤其是干湿交替灌溉等节水模式下），以提高作物磷肥利用效率，减少磷肥施入量并缓解环境危害具有重要意义。

### 1.2.1.5 干湿交替灌溉对水稻产量的影响

在传统淹灌条件下，稻田土壤长期处于还原状态，氮素一般主要以$NH_4^+$-N形式存在，即$NH_4^+$-N是水稻主要的氮素来源；当土壤落干时，土壤通气性改善，溶氧量增加，氧化还原电位升高，$NH_4^+$-N发生硝化作用转化为$NO_3^-$-N，此时土壤中氮素以$NH_4^+$-N与$NO_3^-$-N混合形式存在（Zhu et al., 2007）。有研究表明，与$NH_4^+$-N或$NO_3^-$-N单独作为氮源施用相比，二者混合施用将更有利于植株生长和产量的形成（Kronzucker et al., 1999; 何海兵等, 2017）。且Li et al.（2013）通过试验发现，$NH_4^+$-N与$NO_3^-$-N以1:1的比例混合施用能最大限度地促进水稻生长，主要由于该比例加强了水稻根系生长、氮素同化及根系中激素的合成与分配，也提高了激素由根系向地上部转移的能力。因此，在AWD条件下，植株能同时以$NH_4^+$-N与$NO_3^-$-N为氮源，且土壤通气性得到改善，将更有利于根系的发展，从而提高作物产量。也有一些报道称，AWD通过加强土壤硝化-反硝化过程，使得大量氮素以$N_2$或$N_2O$的形式损失到大气中，降低了植株氮素积累和氮素利用率，从而造成水稻减产（Eriksen et al., 1985; Zou et al., 2007; Norton et al., 2017b）。

近年来，有关AWD对水稻产量影响的结论尚不统一。Liu et al.（2013）、Wang et al.（2015）和Pan et al.（2017）试验表明，与CF相比，AWD显著提高作物产量，主要归因于对有效穗数、每穗粒数和千粒重的提高。程建平等（2006）通过测筒栽培试验表明，与淹灌相比，间歇灌溉（干湿交替灌溉）下水稻产量增加了7.38%。也有研究表明，AWD与CF相比产量无显著变化（Belder et al., 2004; Dong et al., 2012; Yao et al., 2012; Pandey et al., 2014）。李亚龙等（2004）通过大田试验表明，与传统淹灌相比，以土水势-30kPa为灌水下限控制指标，对产量无显著影响。Bouman and Tuong（2001）对亚洲地区31个有关AWD的田间试验结果进行分析并发现，与CF相比，约有92%的AWD处理导致了0~70%的水稻减产，不过在节水的前提下，水分利用效率仍然提高了。AWD对水稻产量影响的不确定性或许与以下因素有关：土壤类型、土壤干旱强度、灌溉时间、水稻生长季气候条件、氮肥管理方式及水稻品种等（Bouman and Tuong, 2001; Belder et al., 2004; Zhang et al., 2008a, 2009; Liu et al., 2013）。如在重质土壤下，AWD灌溉会造成根系损伤，影响作物生长，进而严重降低产量（Sanchez, 1973a, b）。Wang et al.（2016）研究表明，与CF相比，轻度和重度AWD均显著减少灌溉水量，提高水分利用率，重度AWD显著降低产量，而轻度AWD显著提高产量。Carrijo et al.（2017）对56个试验中的528组CF与AWD数据进行整合分析得出，与CF相比，当AWD土水势下限低于-20kPa时，产量无显著变化；当土水势下限超过-20kPa时，产量降低了22.6%。

### 1.2.1.6 干湿交替灌溉对稻米品质的影响

稻米品质是仅次于产量，另外一个决定水稻种植者经济收益的重要因素。近年来，随着大部分国人经济水平与购买力的提高，人们日益青睐优质稻米（Zhang et al., 2008b）。稻米品质主要受遗传因素的支配，同时还受环境因素的调控。环境因素主要包括水稻生长季气候条件、栽培措施及土壤水肥状况等（刘凯等，2008）。土壤水分是位于气温和肥料之后，影响稻米品质的第三大环境因素（王成瑷等，2006）。目前主要从以下4个方面评估稻米品质：加工品质（糙米率、精米率和整精米率）、外观品质（垩白粒率、垩白度、长宽比）、营养品质（蛋白质含量、直链淀粉含量、消减值）和食味品质。

土壤水分状况，尤其是灌浆期，对稻米品质具有显著影响（Dingkuhn and Gal, 1996）。张建设等（2007）研究发现，在适度干旱条件下，稻米整精米率显著增加，而垩白度下降，米质更优。蔡一霞等（2002）研究发现，结实期土水势下限为-15kPa时，整精米率显著提高，垩白度和垩白粒率无显著变化，胶稠度变软，稻米品质得到改善；当土水势下限低于-30kPa时，整精米率显著降低，垩白度与垩白粒率显著提高。大量研究表明，结实期轻度干湿交替处理改善了稻米的碾磨和外观品质，提高了米粉的崩解值，降低了消减值，而重度干湿交替灌溉则表现出相反效应（Huang et al., 2008; 刘凯等, 2008; 刘立军等, 2012; 陈培峰等, 2014）。

郑桂萍等（2004）研究表明，结实期水分胁迫可提高蛋白质含量。Gomez（1979）认为土壤水分对稻米蛋白质含量的影响存在不确定性，水分胁迫下蛋白质含量既有可能提高，也有可能降低。不同生育阶段土壤水分胁迫对稻米品质也有不同程度的影响。郭相平等（2015）研究表明，分蘖期水分胁迫显著降低糙米率、精米率及整精米率；而拔节期水分胁迫提高了整精米率，降低了垩白度和垩白率。郑传举与李松（2017）研究认为，开花期水分胁迫显著降低整精米率，提高垩白粒率和垩白度。尽管大部分研究表明轻度AWD有利于稻米品质的改善，而吕艳东等（2011）研究发现，轻度AWD（土水势范围为-10～-8kPa）降低了稻米整精米率、直链淀粉含量及消减值，提高了蛋白质含量、最高黏度及崩解值。干湿交替灌溉对稻米品质影响的结论之所以有所相悖，或许不仅与土壤干旱程度有关，还与土壤性质、气候条件、氮肥管理措施及水稻品种有关（吕艳东等，2011）。

综上，尽管干湿交替灌溉的节水潜力已在大量研究中得到证实，而其对水稻产量影响的变异性无疑是限制其推广的重要因素。Lampayan et al.（2015）认为，AWD是否造成水稻减产不仅取决于土壤干旱程度，还与干旱所发生的生育期有关。Yang et al.（2007）也表明，根据生育期来确定土水势阈值，可以达到节水增产的目的。迟道才与王殿武（2003）基于水稻不同生育期对水分胁迫敏感程度不同的特点，提出了能量调控灌溉技术（EC），并通过多年试验研究证明，EC不仅能节约灌溉水量，还能提高水稻产量。陈涛涛（2016）利用蒸渗仪在辽宁滨海地区进行水稻试验发现，能量调控灌溉较持续淹灌产量提高了11.5%。

### 1.2.2　斜发沸石作为土壤改良剂的研究进展

#### 1.2.2.1　斜发沸石在农业上的应用

沸石是一种多孔的水合碱金属硅铝酸盐晶体材料，主要由$AlO_4^{5-}$与$SiO_4^{4-}$四面体组成其三维框架结构，$AlO_4^{5-}$与$SiO_4^{4-}$之间通过氧原子相连，在沸石结构中，由于$Al^{3+}$相对较小，容易占据四面体结构的中心位置，导致$Si^{4+}$被$Al^{3+}$所替代，而使该结构带负电，需吸附阳离子以中和负电，因而具有较强的阳离子交换能力（Karapınar，2009）。沸石主要有三大特点：高阳离子交换能力、自由通道内较高的持水能力和强吸附能力，这些特点使之广泛应用于农业领域（Mumpton，1999）。斜发沸石由于其具有较高的吸附性、阳离子交换量及催化和脱水特性，而成为农业领域应用最为广泛的天然沸石之一。沸石被认为是使用最为广泛的天然无机土壤改良剂之一，可显著改善土壤理化特性，如持水性能、入渗速率、饱和导水率及阳离子交换量等（Inglezakis et al., 2012; Chmielewska, 2014; Ebrazi and Banihabib, 2015; Enamorado-Horrutiner et al., 2016）。沸石可以增加磷灰岩中磷的有效性、铵态氮与硝态氮的利用，并减少交换性阳离子（如$K^+$）的淋溶损失，从而提高养分利用效率（Leggo, 2000; Pickering et al., 2002）。此外，沸石的多孔晶体结构也使得其具有较强的持水性能，能可逆地释放和吸收水分而不改变其结构。这一特性使其能保留自身重量60%的水分，在干旱时期，可通过释放水分以维持土壤含水量（Polat et al., 2004）。沸石作为土壤改良剂还有其他多种用途，如沸石应用到重金属或放射性元素污染的土壤中，可有效降低这些有毒物质的含量（Ramesh et al., 2010）；沸石添加到土壤中还能有效缓解盐分胁迫对作物的危害，并改善土壤中养分平衡（Al-Busaidi et al., 2008）。此外，不像其他的土壤改良剂（如有机物使用周期较短），沸石不会随时间而分解，能长期地保留在土壤中以改善土壤中水分和养分含量（Polat et al., 2004）。

### 1.2.2.2 斜发沸石对土壤氮素利用的影响

尿素作为目前水稻栽培中使用最为普遍的氮源，施入土壤后极易通过氨挥发损失掉（尤其在尿素表施的情况下）。据估算，尿素表施引起的氨挥发损失高达施肥量的90%（Costa et al., 2003; Martha et al., 2004）。尿素施入土壤后，在脲酶的作用下水解生成$NH_4^+$，之后$NH_4^+$发生化学变化转化为$NH_3$挥发到大气中。影响土壤$NH_3$挥发的因素有很多，包括尿素施用方法、土壤pH、温度、阳离子交换量（CEC）及水分状况等（He et al., 2002）。研究者们尝试用多种方法及添加剂以减少土壤中尿素$NH_3$挥发损失。具有酸性与高CEC特性的材料能显著减少$NH_3$挥发损失，由于土壤pH低于5.5时，尿素水解会减少，而高CEC会增加土壤对$NH_4^+$的截留（Bundan et al., 2011）。由于具有较高的CEC和对$NH_4^+$较强的吸附性，斜发沸石常用来与尿素混合施用，以减少$NH_3$挥发损失（He et al., 2002; Bundan et al., 2011; Palanivell et al., 2015）。斜发沸石之所以能减少$NH_3$挥发损失，是由于其具有较高的CEC，能截留尿素水解后形成的$NH_4^+$，降低土壤溶液中$NH_4^+$的浓度，以减少$NH_4^+$向$NH_3$的转化（Palanivell et al., 2015），且被吸附的$NH_4^+$能及时释放，以供植株吸收利用。除尿素外，沸石与其他形式的氮肥混合施用，也能不同程度地降低$NH_3$挥发损失。沸石能降低不同质地土壤的$NH_3$挥发损失。Ahmed et al.（2010a）研究表明，将1g/kg沸石应用于砂性黏土和砂壤土中，分别减少了49.23%和51.09%的$NH_3$挥发量。大量田间或盆栽试验研究表明，沸石与氮肥混合应用于不同作物栽培中，均能显著降低土壤$NH_3$挥发损失，提高作物氮肥利用率，并改善植株生长（Bernardi et al., 2013; Lija et al., 2012; Campana et al., 2015; Palanivell et al., 2015）。

在灌溉农田（尤其是砂性土壤）中，由于$NO_3^-$在水中具有高度溶解性，易发生淋溶，且土壤颗粒表面对$NO_3^-$的净排斥作用，进一步加剧了$NO_3^-$淋溶损失。因此，采取有效氮肥管理措施，以降低稻田氮素淋溶，提高氮肥利用率，具有重要意义。沸石由于具有较高CEC，与氮肥混合应用于土壤，能显著降低土壤$NO_3^-$淋溶损失并提高氮肥利用率（Huang and Petrovic, 1994; Malekian et al., 2011; Gholamhoseini et al., 2012）。Torma et al.（2014）研究天然沸石对土壤中氮素动态的影响，结果表明，与对照组相比，施沸石处理土壤中$NO_3^-$含量减少66%~78%，因此，$NO_3^-$淋溶量也相应地减少。沸石与尿素混施，降低$NO_3^-$淋溶的机制可从以下三方面解释：①尿素被吸附于沸石晶体孔隙中；②减少了尿素发生硝化作用转化为$NO_3^-$；③沸石对$NH_4^+$的吸附降低了硝化作用强度（Eberl, 2002）。沸石选择性地吸附土壤中$NH_4^+$后，将其截留在内部孔隙结构中，而硝化细菌无法进入，从而有效抑制了硝化作用，降低了$NO_3^-$淋溶，尤其在通气性较好的砂性土中，硝化细菌活性更强，其降低作用更加显著（Gholamhoseini et al., 2013）。沸石不仅可以减少土壤中$NO_3^-$的淋溶量，还可减少$NH_4^+$的淋溶量。MacKown and Tucker（1985）试验证明，与施用$(NH_4)_2SO_4$对照组相比，应用12.5g/kg、25g/kg、50g/kg斜发沸石处理显著减少$NH_4^+$淋溶量。沸石对土壤$NH_4^+$的吸附作用受多种因素影响，如土壤质地、沸石粒径、沸石与土壤的结合方式等。一般来说，砂土对水分和养分具有较低的截留能力，因此，沸石对$NO_3^-$淋溶的降低在砂土中效果更为显著（Zwingmann et al., 2009）。Weber et al.（1983）研究表明，在细粒土壤中，需加大斜发沸石用量以降低$NH_4^+$淋溶量。Perrin et al.（1998）研究了3种不同粒径（小粒径，< 0.25mm；中等粒径，0.25~2mm；大粒径，2~4mm）铵-斜发沸石对氮素淋溶的影响，结果表明沸石粒径越大，土壤氮素淋溶越少。而Malekian et al.（2011）却发现，毫米级粒径斜发沸石处理的砂土，其淋溶液中的$NH_4^+$浓度稍高于纳米级粒径沸石处理过的土壤。Ippolito et al.（2011）研究表明，沸石与土壤完全混合处理下，其对尿素矿化和$NH_4^+$的吸附作用要高于沸石条施处理。

综上所述，沸石与氮肥混施于土壤中，可减少$NH_3$挥发损失，降低$NH_4^+$与$NO_3^-$淋溶损失，提高氮肥利用率，缓解$NO_3^-$淋溶（地表水及地下水污染）及$N_2$或$N_2O$挥发（臭氧层空洞）所造成的环境危害。干湿交替灌溉下，稻田氮素损失较持续淹灌更为严重，且氮素转化过程更为复杂，因此，很有必要探索斜发沸石对干湿交替灌溉下稻田土壤氮素利用的影响，以期为干湿交替稻田氮肥高效管理提供理论依据。

### 1.2.2.3 斜发沸石对土壤磷素有效性的影响

由于磷具有高固定性、低溶解性和不可移动性等特点，土壤中磷对作物的有效性往往是受限的（Shokouhi et al., 2015）。为了增加作物对磷的吸收，提高产量，农民往往会加大磷肥投入量，这不仅降低磷肥利用率，增大经济投入，过量的磷径流到地表水中，还会造成严重的水体富营养化等环境问题。沸石作为土壤改良剂添加到土壤中，不仅能增加磷矿粉的有效性（魏静等，1999; Pickering et al., 2002; Lancellotti et al., 2014），还能提高水溶性磷肥的有效性（李华兴等，2001a; 化全县等，2006; 李见云等，2009; Ahmed et al., 2010b; Lija et al., 2014; Shokouhi et al., 2015）。沸石增加磷矿粉有效性的机制是，磷矿粉在水中发生弱水解生成$Ca^{2+}$和$HPO_4^{2-}$等离子，由于沸石具有较高的CEC，会不断吸附$Ca^{2+}$，促使水解反应向右进行，且作物根系对$HPO_4^{2-}$的吸收也会促使反应进行，进一步增强磷矿粉的溶解，提高土壤中有效磷含量（Lancellotti et al., 2014）。Pickering et al.（2002）通过温室试验发现，斜发沸石与磷矿粉结合显著增加向日葵对磷的吸收。土壤磷有效性随pH变化而变化，且高有效磷的适宜pH范围是6.5～7.5（Havlin et al., 1999）。由于沸石材料偏碱性，加入土壤后会提高土壤pH，进而降低$Al^{3+}$和$Fe^{2+}$含量，提高土壤有效磷含量（Palanivell et al., 2015）。李华兴等（2001a）通过土柱试验研究不同沸石量对土壤保肥能力的影响，结果表明，土柱淋洗后土壤中的有效磷含量随沸石量的增加而增加。Ahmed et al.（2010b）研究沸石对玉米植株养分吸收及利用效率的影响，结果表明，沸石与无机肥料混合应用，显著提高玉米根、茎、叶中N、P、K吸收及利用率。

作物对养分与水分的吸收是两个紧密相关的生理过程，土壤磷对植株的有效性与土壤氧化还原状态高度相关（Borggaard et al., 2005），土壤中有效磷含量受灌溉模式的影响（Haefele et al., 2006）。干湿交替灌溉稻田有效磷含量往往较低（Somaweera et al., 2016），斜发沸石应用到干湿交替稻田中，一方面能通过影响土壤pH提高有效磷含量，另一方面可增加干旱时期土壤含水量，进而提高磷肥溶解性，增加水稻植株对磷的吸收利用。

### 1.2.2.4 斜发沸石对土壤含水量的影响

大量研究表明，沸石作为土壤改良剂能提高土壤持水性能并阻止水分向深层渗漏，从而降低农业生产耗水量（Ming and Mumpton, 1989; Mumpton, 1999; Polat et al., 2004; Ippolito et al., 2011; Talebnezhad and Sepaskhah, 2013; Colombani et al., 2016）。沸石添加到土壤中起到了永久"蓄水池"的作用，当作物干旱时持续提供水分；灌溉时快速改善土壤回湿过程，促使水分快速向根区扩散，从而节省灌溉水量（Polat et al., 2004）。大量研究表明，沸石在轻质砂土中的保水效果较好。Bernardi et al.（2009）研究发现，将沸石以33.3g/kg、66.7g/kg和100.0g/kg的用量添加到砂土中，与对照处理相比，土壤有效水含量分别提高了10%、38%和67%。Bigelow et al.（2001）研究发现，与未添加沸石处理相比，砂土中添加10%（体积比）的沸石能提高20%的含水量。Al-Busaidi et al.（2008）施入5kg/m²的沸石到砂壤土中，结果表明，与对照组相比，沸石处理土壤含水量提高2.5%~4.8%。He and Huang（2001）研究表明，与无沸石处理相比，沸石处理土壤在干旱和一般条件下含水量分别提高0.4%~1.8%和5%~15%。此外，沸石的施入量、粒径大小、施用方式等也是影响其利用效率的一个重要因素。Ippolito et al.（2011）进行了不同沸石量及施用方式对土壤含水量影响的研究，结果表明，与不加沸石处理相比，土壤中施入44.8t/hm²沸石可提高2.1%的含水量，且沸石与土壤混合施用较带状施用持水效果更优，提高了1.3%的含水量。魏江生等（2005）将粒状和粉状沸石分别混入砂质土壤中进行试验，结果表明，土壤的透水性随着沸石的混入而降低，且有效水含量增加，粒状和粉状沸石混合土壤的有效水最大含量分别是对照组的2倍和2.5倍。土壤水分状态也是影响沸石持水性能的因素。Nus and Brauen（1991）应用不同沸石量于砂性土中，发现在-10kPa下，土壤体积含水量随着沸石量增加而增加。Ippolito et al.（2011）研究发现，沸石与土壤混合施用时，当土壤水势在-300~-100kPa范围内时，土壤持水性能最佳。姜淳（1993）研究表明，在干旱条件下，沸石处理的土壤田间持水量一般较对照提高5%~15%，最高达27.9%。

研究人员发现，施用沸石是缓解水分亏缺对植株影响的一种可行方法（Ghanbari and Ariafar, 2013）。在干旱与半干旱环境下，沸石可增加土壤持水能力和土壤对养分的吸收，从而避免干旱胁迫对光合器官的损害（Polat et al., 2004）。大量研究表明，沸石能缓解水分胁迫对不同旱作物的负面影响，进而改善植株生长并提高作物产量，且作物水分利用效率也随沸石量增加而提高（Gholizadeh et al., 2010; Najafinezhad et al., 2015; Baghbani-Arani et al., 2017; Moradi-Ghahderijani et al., 2017; Hazrati et al., 2017; Ozbahce et al., 2018）。

也有研究表明，沸石应用到淹灌稻田中能增加土壤持水能力，降低水稻耗水量并提高水分利用效率（Sepaskhah and Barzegar, 2010）。沸石在水稻节水灌溉（如干湿交替灌溉）下的应用较少（Chen et al., 2017a），尤其是当稻田处于干旱阶段时，沸石能否缓解水分胁迫对水稻的负面影响，进而维持或提高作物产量，需作进一步研究。

### 1.2.2.5 斜发沸石对作物产量的影响

沸石不仅能提高土壤中N、P、K等养分的有效性，改善土壤水分状况，还能提高作物产量。沸石可将这些养分保留在植物根区，当植物需要时以供其吸收利用。沸石通过减少土壤养分损失，以增强植株生长和发育（Anonymous, 2004）。据报道，斜发沸石作为土壤改良剂，以4～8t/hm$^2$的用量与氮肥混合施用，小麦、茄子、苹果、胡萝卜产量分别提高了13%～15%、19%～55%、13%～38%和63%（Torii, 1978）。沸石由于具有较高的CEC和对NH$_4^+$的强吸附性，主要通过对土壤中NH$_4^+$的控释以提高作物对NH$_4^+$的吸收利用，进而改善植株生长并提高作物产量（McGilloway et al., 2003; Malekian et al., 2011; Campisi et al., 2016）。Malekian et al.（2011）通过对比研究斜发沸石及表面改性斜发沸石对玉米生长的影响发现，斜发沸石（60g/kg）作为肥料载体施入土壤，更有利于玉米植株生长并提高玉米产量，主要由于肥料施入土壤后，NH$_4^+$在硝化之前被斜发沸石及时吸收，作物生长后期土壤养分亏缺时，沸石能释放出NH$_4^+$以供植株吸收利用，从而改善植株生长。Bybordi and Ebrahimian（2013）试验表明，沸石与尿素混施于土壤中可提高菜籽油产量及产量构成。天然沸石与氮肥混合施入土壤，可通过增加百粒重，减少空秆率和倒伏率，以提高玉米产量（增产17.6%～38.1%）（童淑媛与杜震宇，2015）。李鹏等（2011）通过盆栽试验发现，施沸石处理均提高了番茄不同生育期地上部干重及产量。此外，沸石还能通过增强植株对磷素的吸收利用，以提高作物产量（魏静等，1999; 李华兴等，2001b; Shokouhi et al., 2015）。Shokouhi et al.（2015）研究表明，斜发沸石与磷肥混施于土壤，提高了土壤含水量，且增加了玉米植株对磷素的吸收。

沸石对作物生长的影响不仅与其内在因素（沸石用量及沸石粒径等）有

关，还与外部因素（氮肥用量、氮肥管理方式及土壤水分状况等）有关（吴奇，2016）。沸石作为改良剂，是改善干旱与半干旱地区土壤状况的一种有效方式（Yasuda et al., 1998）。在干旱条件下，沸石能通过吸附和控释土壤水分，以缓解水分胁迫对植株的不利影响，进而改善植株生长并提高产量（Ozbahce et al., 2015; Najafinezhad et al., 2015; Hazrati et al., 2017; Baghbani-Arani et al., 2017; Ozbahce et al., 2018）。陈涛涛等（2016）通过蒸渗仪试验发现，沸石不仅在常规淹灌下能提高水稻产量，且在能量调控灌溉等节水灌溉下增产效果更加显著。大量研究表明，沸石可提高大豆（Khan et al., 2013）、玉米（Malekian et al., 2011）、小麦（Khodaei Joghan et al., 2012）等不同类型旱作物的产量，而将沸石应用于稻田中的报道仍不多（Kavoosi, 2007; Sepaskhah and Barzegar, 2010; Chen et al., 2017b）。Kavoosi（2007）报道，应用沸石可以显著提高水稻氮肥利用率和产量。Sepaskhah and Barzegar（2010）研究表明，沸石应用于稻田显著增加土壤持水量，降低水稻耗水量并提高水分利用效率，且施氮量80kg/hm$^2$结合沸石量4t/hm$^2$处理可获得最高水稻产量。Gevrek et al.（2009）通过田间试验发现，施沸石处理水稻产量较未施沸石处理高11%。然而这些报道都是建立在传统持续淹灌稻田的基础上，研究不同沸石与施氮量对水稻产量及水氮利用的影响；干湿交替稻田中，土壤处于淹水与干旱交替循环的状态，而水稻植株对水分亏缺比较敏感，尤其是在干旱阶段，土壤中水分和养分对水稻根系的有效性都将受到限制，将不利于水稻生长。因此，将斜发沸石应用到干湿交替灌溉稻田中，对于缓解水分胁迫及氮、磷等养分限制对水稻植株的不利影响，改善植株生长，提高水稻产量、水分及养分利用效率具有重要意义。

## 1.3　研究内容与技术路线

### 1.3.1　研究内容

（1）设置斜发沸石量单因素试验，研究不同斜发沸石量对水稻产量的影响，以确定辽宁中部地区稻田最佳斜发沸石施用量。

（2）采用（1）中得出的最佳斜发沸石施用量，结合不同灌溉模式，应用蒸渗仪（设有自动遮雨棚）进行试验，研究不同灌溉模式下斜发沸石对水稻生长特性（分蘖、株高、叶面积指数、不同器官干物质积累等）、生理特性（叶片SPAD值、光合特性等）、产量及稻米品质的影响。

（3）研究不同灌溉模式下斜发沸石对稻田渗漏液无机氮（$NH_4^+$-N和$NO_3^-$-N）动态、土壤无机氮（$NH_4^+$-N和$NO_3^-$-N）含量、阳离子交换量、全氮量、植株氮素积累及水分利用的影响，以明确斜发沸石的保氮机制及对$NO_3^-$淋溶损失的缓解效应；并结合室内试验，研究不同斜发沸石量对试验区土壤持水性能的影响，进一步揭示斜发沸石对土壤水分的持留机制。

（4）基于最佳斜发沸石量及灌溉模式，引入磷肥因子，研究不同灌溉模式、磷肥量及斜发沸石量耦合对稻田土壤有效磷、水稻各器官磷浓度、地上部磷吸收、地上部生物量、产量、耗水量及水分利用效率的影响，以明确稻田土壤中磷素对沸石的响应机制，进一步从磷素角度揭示沸石的增产机制，并通过多指标综合分析以确定稻田节水、高产、优质、环保综合目标最优处理。

### 1.3.2 技术路线

本文的研究技术路线如图1-1所示：

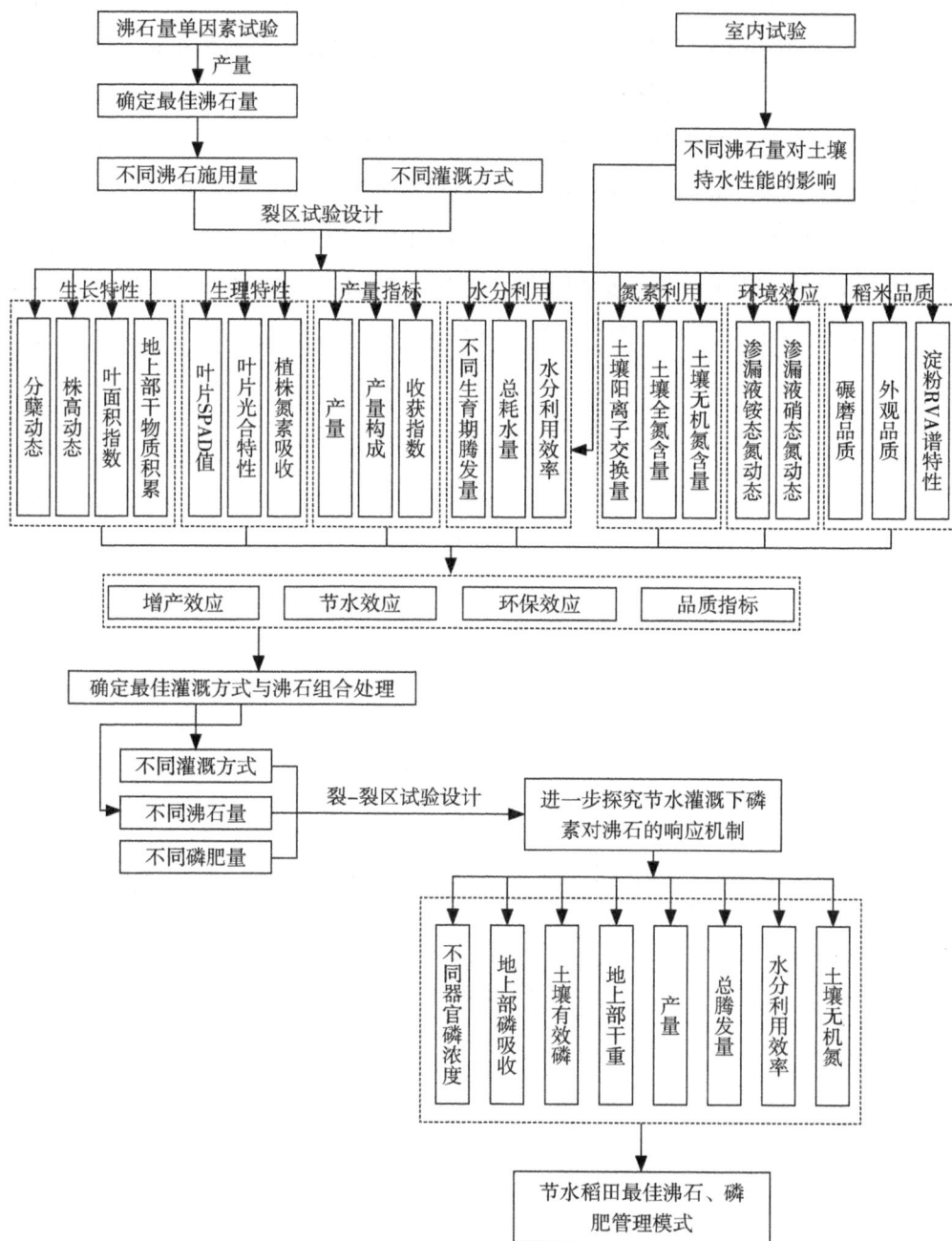

```
沸石量单因素试验                          室内试验
      ↓产量                                 ↓
确定最佳沸石量                      不同沸石量对土壤
      ↓                            持水性能的影响
不同沸石施用量        不同灌溉方式
      └──────裂区试验设计──────┘
```

生长特性：分蘖动态 / 株高动态 / 叶面积指数 / 地上部干物质积累

生理特性：叶片SPAD值 / 叶片光合特性 / 植株氮素吸收

产量指标：产量 / 产量构成 / 收获指数

水分利用：不同生育期腾发量 / 总耗水量 / 水分利用效率

氮素利用：土壤阳离子交换量 / 土壤全氮含量 / 土壤无机氮含量

环境效应：渗漏液铵态氮动态 / 渗漏液硝态氮动态

稻米品质：碾磨品质 / 外观品质 / 淀粉RVA谱特性

增产效应　节水效应　环保效应　品质指标

确定最佳灌溉方式与沸石组合处理

不同灌溉方式 / 不同沸石量 / 不同磷肥量

裂-裂区试验设计　进一步探究节水灌溉下磷素对沸石的响应机制

不同器官磷浓度 / 地上部磷吸收 / 土壤有效磷 / 地上部干重 / 产量 / 总腾发量 / 水分利用效率 / 土壤无机氮

节水稻田最佳沸石、磷肥管理模式

图1-1　研究技术路线

# 2 能量调控灌溉下斜发沸石对水稻生长生理特性、产量及稻米品质的影响

近年来，为解决日益短缺的水资源及人口增长对水稻生产带来的严峻挑战，国内外相继开展了大量稻田节水技术研究，如旱稻栽培技术（Bouman et al., 2007）、非淹灌覆膜栽培技术（Zhang et al., 2008）、水稻强化栽培体系（Zhao et al., 2009）及干湿交替灌溉（AWD）技术等（Ye et al., 2013; Lampayan et al., 2015; Carrijo et al., 2017）。其中，干湿交替灌溉技术是应用最为普遍的一种节水方式。尽管干湿交替灌溉的节水效应已毋庸置疑，其对水稻产量的影响仍存在较多争议，既有报道增产（Liu et al., 2013; Li et al., 2016）、稳产的（Lampayan et al., 2014; LaHue et al., 2016），也有报道减产的（Cabangon et al., 2004; Xu et al., 2015）。AWD造成水稻减产或许与干旱胁迫程度对稻田氮素循环过程的影响有关。AWD等节水技术加大了稻田$NH_3$挥发损失（Dong, 2008），增强了土壤氮素硝化–反硝化作用，导致更多氮素以$NO_3^-$形式淋溶流失，或以$N_2$及$N_2O$等形式损失到大气中，减少植株对氮素的吸收，降低氮肥利用效率，进而影响水稻产量。迟道才与王殿武（2003）根据水稻不同生育期对水分胁迫敏感程度不同的特点，基于常规干湿交替灌溉提出的能量调控灌溉技术（EC）不仅能实现水稻节水，还能提高水稻产量。因此，本研究基于斜发沸石具有较高的阳离子交换量及对$NH_4^+$的强吸附能力，将其应用到稻田节水灌溉研究中，研究了不同斜发沸石量对水稻产量的影响，以获取试验区最佳斜发沸石施用量；并基于最佳斜发沸石施用量研究了不同灌溉模式下斜发沸石对水稻生长特性（株高、分蘖、叶面积指数等）、生理特性（叶片SPAD值、光合特性等）、生物量积累、产量及稻米品质的影响，以期为节水、高产、优质多目标水稻管理方式的制定提供理论依据。

## 2.1　材料与方法

### 2.1.1　试验区概况

试验于2014—2015年（5—10月）在辽宁省灌溉中心试验站（位于辽宁省沈阳市沈北新区黄家乡，东经120° 30′ 45″，北纬42° 8′ 57″，海拔47m）进行。该地区具有温带大陆性季风气候。年平均气温为7.5℃，年均降水量为672.9mm，降雨主要集中在6—9月。供试土壤质地为黏壤土，土壤肥力中等偏下，容重为1.50g/cm³，有机质22.3g/kg，碱解氮75.4mg/kg，全氮0.78g/kg，速效磷18.4mg/kg，速效钾81.3mg/kg，pH为7.40。2014与2015年试验期间，该地区降雨量及日平均气温变化如图2-1所示。

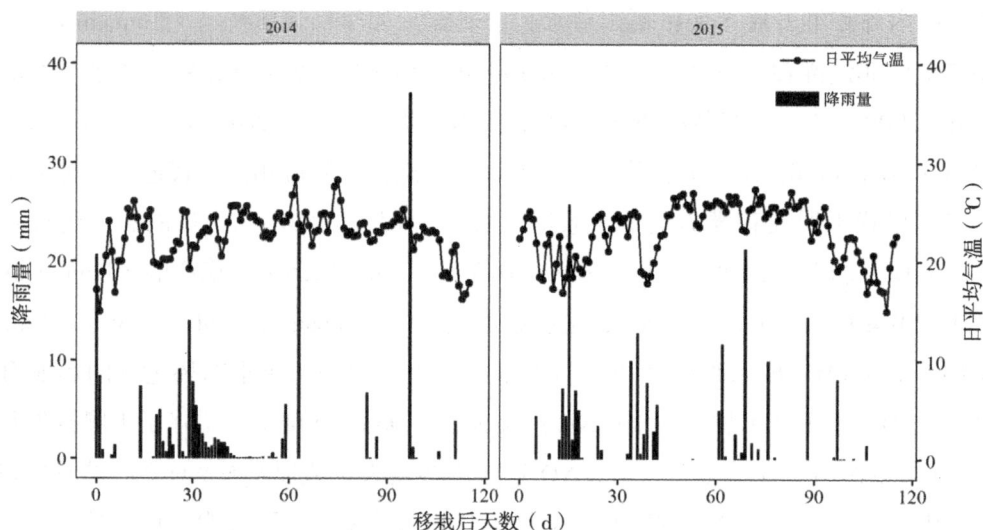

图2-1　2014—2015年水稻生长季试验区日降水量及平均气温变化

### 2.1.2　试验材料

试验采用当地普遍种植的"千重浪2号"（沈农9765）水稻（Oryza sativa L.）品种，该品种由沈阳农业大学水稻研究所繁殖，具有高产、优质和强抗病性等特点（沈新忠，2012）。本研究供试肥料为尿素（含N 46%）、过磷酸钙（含$P_2O_5$ 12%）、硫酸钾（含$K_2O$ 50%）。试验所用沸石为天然斜发沸石（粒径为0.18～0.38mm），购置于辽宁省法库县。该斜发沸石的化学成分如下（%）：$SiO_2$ = 65.6，$Al_2O_3$ = 10.6，$Fe_2O_3$ = 0.63，FeO = 0.09，MgO = 0.82，CaO = 2.59，$H_2O$ = 8.16，$Na_2O$ =

0.39，$K_2O = 2.87$，$TiO_2 = 0.069$，$P_2O_5 = 0.001$，$MnO = 0.010$，烧失量为16.6。阳离子交换量（CEC）为135~200 cmol/kg。

### 2.1.3 试验设计

#### 2.1.3.1 沸石量单因素试验

本试验采用单因素随机区组试验设计，沸石量为因子，设置0、4、8、10、15、20和40t/hm²共7个水平（分别表示为Z0、Z4、Z8、Z10、Z15、Z20和Z40），3次重复，共21个小区。该试验小区布置在田间，小区规格为3m×4m，每个小区由高40cm、长14的塑料池埂围成，其中30cm插入土壤中，以防止不同处理间养分的侧向渗流。试验于5月20日插秧，水稻种植行距为30cm，株距为15cm，每穴插4株基本苗，9月18日黄熟期结束。施肥水平与当地农户保持一致，所用肥料为尿素（纯N 210kg/hm²）、过磷酸钙（$P_2O_5$ 60kg/hm²）和硫酸钾（$K_2O$ 75/hm²）。氮肥分3次施入，43%作为基肥于插秧前一天施入，43%作为分蘖肥于分蘖初期（移栽后1周左右）施入，14%作为穗肥于穗分化始期施入；过磷酸钙作为基肥一次性施入土壤；硫酸钾分两次施入，基肥与分蘖肥分别占25%和75%。斜发沸石随基肥一次性施入土壤中，并与表层5cm深度土壤充分混合。灌溉模式采用当地农户普遍应用的常规淹灌，田间病、虫、草管理方式均与当地农户保持一致。

#### 2.1.3.2 沸石量与灌溉模式耦合试验

本试验采用裂区试验设计，主区为灌溉模式，共3水平，即常规淹灌（Continuous flooding irrigation, CF）、能量调控灌溉（Energy-controlled irrigation, EC）和干湿交替灌溉（Alternate wetting and drying irrigation, AWD）；副区为沸石量，共2水平，即0和15t/hm²（分别表示为Z0和Z15），共6个处理，设置3次重复，共18个小区。水稻种植行距为30cm，株距为15cm，每穴插4株基本苗。试验分别于2014年5月20日插秧，9月18日黄熟期结束；2015年5月24日插秧，9月16日黄熟期结束。试验在非称重式蒸渗仪中进行，该蒸渗仪由钢筋混凝土浇制而成，墙体外表涂有防水材料，以阻隔各小区之间水肥串流。小区规格为2.5m×2m，深1.8m，小区上方设有电动遮雨棚，降雨时可关闭，以严格控制小区内土壤水分，下方有设有地下廊道。各小区由装有体积水表的水管单独灌水。地下廊道内，距离蒸渗仪底部1.8m处设有排水阀门，为了模拟大田渗漏环境，各处理均以2.0mm/d的量排水。试验设计及布置见图2-2。

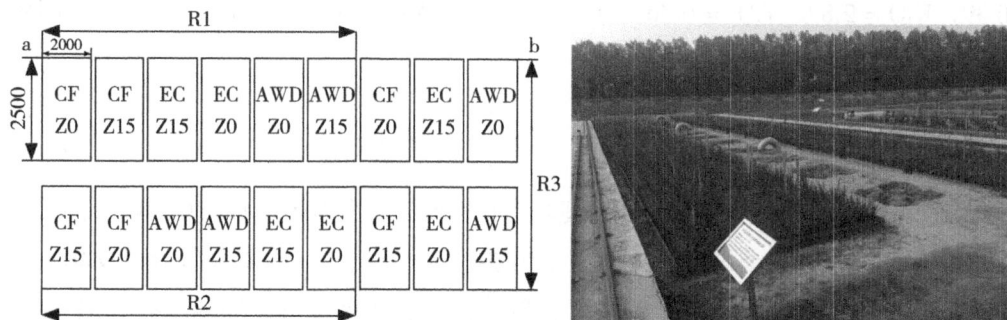

图2-2 裂区试验设计及布置

本试验施肥方式同2.1.3.1。沸石随基肥一次性施入土壤中，并与表层5cm深度土壤充分混合。为了测定沸石的后效性，添加沸石的处理仅在第一年施入沸石，第二年不添加沸石，除此之外，2015与2014年试验布置完全一致。在EC与AWD处理小区中，安装水银负压计（由中科院南京土壤研究所研制）以监测距土表15cm深度处土壤水势（Soil water potential, SWP）。每天8:00与14:00分别记录负压计读数，当读数达到规定的土水势阈值时，即灌水到相应的水层深度；对于CF处理，每天8:00用直尺测量水层深度，当水层深度降到规定的值时，即灌水到相应的深度。不同灌溉模式具体控水标准见表2-1。2014—2015年试验期间，不同灌溉模式土水势变化情况见图2-3。灌溉水量由安装在水管上的体积水表计量。另外，当遇施肥或施用农药时，田间需保持一定的水层。气象数据由安装在距离试验区约500 m处的气象站自动记录。

表2-1 持续淹灌、干湿交替灌溉及能量调控灌溉下不同生育期水分管理方式

| 生育期 | 持续淹灌 | 干湿交替灌溉 | | 能量调控灌溉 | |
| --- | --- | --- | --- | --- | --- |
| | 水深范围（cm） | 最高水深（cm） | 土水势阈值（kPa） | 最高水深（cm） | 土水势阈值区间（kPa） |
| 返青与分蘖初期 | 1~5 | 3 | -15 | 5 | 0 |
| 分蘖中期 | 1~5 | 3 | -15 | 3 | -10~-5 |
| 分蘖末期 | 1~5 | 3 | -15 | 0 | -35~-25 |
| 拔节孕穗期 | 1~5 | 3 | -15 | 3 | -10~-5 |
| 抽穗开花期 | 1~5 | 3 | -15 | 3 | -10~-5 |
| 乳熟期 | 1~5 | 3 | -15 | 3 | -20~-10 |
| 黄熟期 | 自然落干 | 自然落干 | | 自然落干 | |

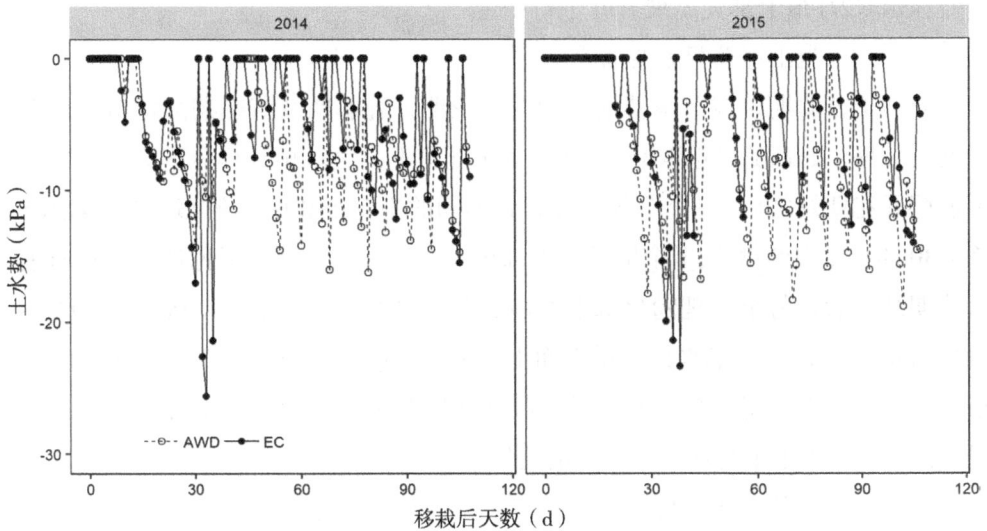

图2-3  水稻生长期间干湿交替灌溉与能量调控灌溉处理土水势变化

### 2.1.4  测定项目及方法

#### 2.1.4.1  株高、分蘖及叶面积指数

根据灌溉试验规范SL13—2004，定点观测各小区中每穴分蘖数，开始分蘖时每5d测1次，临近分蘖高峰期至抽穗期每2~3d测1次；株高用卷尺测量，每10d测1次。叶面积指数用AccuPAR植物冠层分析仪（LP-80）进行测定。分别于分蘖期、拔节孕穗期、抽穗开花期及乳熟期测定叶面积指数。

#### 2.1.4.2  叶片SPAD值及光合特性

采用日产SPAD-502型叶绿素仪测定叶片SPAD值，每个处理随机选取3棵植株，每个植株选取3片最上部完全展开叶，每片叶子选取3个不同的位置进行测量，分别是叶片中部及距离中部上下各3cm处，即每个处理测量27次，以其平均值作为结果。分别于分蘖期、拔节孕穗期及抽穗开花期测量叶片SPAD值。采用Li-Cor 6400便携式光合测定系统（Li-Cor, Lincoln, NE, USA）测定叶片光合特性。在抽穗开花期，当EC与AWD处理土水势接近-5kPa和-15kPa时，选择晴朗无云的天气，在9:00—11:00间测定叶片光合特性，光合有效辐射在1300~1500$\mu$mol/($m^2 \cdot s$)之间，每个叶片测量3次，每个处理选取3片最上部完全展开叶进行测量。2014和2015年的具体测量日期分别为移栽后的57d和61d及56d和59d。在抽穗开花期间，选取晴朗的天气测定水稻叶片光合速率日变化，即从6:00至18:00，每2h测定1次，各处理选取2片最上部完全展开叶进行测定。

### 2.1.4.3 地上部及根系生物量

分别于分蘖期、拔节孕穗期、抽穗开花期、乳熟期及黄熟期测定植株地上部生物量。每个处理随机选取3穴植株，齐土面剪下，之后植物样分解为茎、叶、穗（抽穗开花期及之后）3个部分，分装到不同的牛皮纸袋中。各部分器官经105℃杀青30min后，于80℃烘干至恒重，冷却至室温后，用电子天平称量其干物质重。黄熟期结束后，每个处理随机选取2穴水稻根，即用铁锹挖取长30cm，宽15cm，深20cm的土块，用自来水将根系表面土壤冲洗干净后，将其置于80℃烘箱中烘干至恒重，冷却至室温后称量其干重。收获指数为稻穗干重占地上部干重的比例。根冠比指的是根干重与地上部干重的比值。

### 2.1.4.4 产量及产量构成

水稻生理成熟时，每个处理随机选取3穴植株，用于有效穗数、每穗粒数、结实率及千粒重等产量构成指标的测定。剩余部分用于测量水稻实际产量，各处理单打单收，收获后将稻谷晾晒至含水率约为14%时进行产量测定。

### 2.1.4.5 稻米品质测定

水稻测产后，各处理称取约500g稻谷，并置于40℃烘箱中烘干，用于稻米品质测定。采用日本Yamamoto公司生产的FC-2K型砻谷机对稻谷进行脱壳处理，以产生糙米；之后用VP-32T型精米机（Yamamoto，日本）对糙米进行加工，以获取精米。糙米率、精米率及整精米率分别指糙米重、精米重和整精米重占总稻谷重的比例。利用ES-1000型稻米外观品质分析仪（Shizuoka，日本）测定精米垩白度及垩白粒率。

采用JFS-13A型高速粉碎机将精米磨成粉末状，并过100目筛，用以测定淀粉黏滞特性。采用澳大利亚New Scientific公司生产的RVA-4型快速黏度分析仪测定淀粉黏滞特性，并采用配套的TCW(Thermal Cycle for Windows)软件进行分析（Han et al., 2004）。取3g粉末样品于测定杯中，加入25mL蒸馏水后，置于仪器中进行测定。测定过程中，程序主要参数设置如下：首先以50℃保持1min，之后以12℃/min的增温速率上升到95℃（需3.75min），在95℃下保持2.5min，之后以12℃/min的降温速率下降到50℃（需3.75min），并在50℃下保持1.4min。搅拌器转速在起始10s内为960r/min，之后一直保持160r/min。本研究中所采用的粘滞性单位为RVU（Rapid Viscosity Units）。淀粉黏滞特性主要包括最高黏度、热浆黏度、最终黏度、崩解值、消减值、峰值时间、糊化温度及回复值。其中，崩解值等于最高黏度减去热浆黏度，消减值等于最终黏度减去最高黏度，回复值等于最终黏度减去热浆黏度。

### 2.1.5 统计分析

经分析，除品质指标外，年因子主效应、年与灌溉模式及年与沸石量交互效应对本研究中其他指标均无显著影响，故本研究将2年品质指标数据单独分析，其他指标采用2年数据均值作为结果进行分析。运用SAS 9.4软件对数据进行裂区方差分析，其中灌溉模式作为主区，沸石量作为副区。各指标由3次重复计算均值。采用Tukey's HSD检测对主因子及交互因子不同水平间均值进行多重比较，显著性水平为5%。应用R studio（ver. 1.1.442）中的Agricolae软件包对水稻产量、光合速率及SPAD值间的关系进行回归分析；采用Factoextra软件包对稻米品质进行主成分分析，以明确稻米品质与各处理间的关系。

## 2.2 结果与分析

### 2.2.1 分蘖与株高动态

不同沸石量与灌溉模式下水稻全生育期分蘖动态如图2-4所示，从整体上看，分蘖动态呈单峰曲线变化趋势，先增加后减少，最终趋于稳定。自分蘖初期开始，分蘖数开始增长，进入分蘖中期后，增长速率达到最大，之后增长速率逐渐减缓，到分蘖末期后，分蘖数达到最大值（6月28日前后）。进入分蘖末期后，由于无效分蘖开始消亡，分蘖数逐渐减少，最终形成有效分蘖数并趋于稳定。

图2-4a为不同沸石量下水稻分蘖动态变化，由图可知，分蘖初期施沸石（Z15）与未施沸石（Z0）处理分蘖数无显著差异，进入分蘖中期后，Z15处理分蘖数开始高于Z0处理，且差异逐渐增大，到6月28日开始呈显著差异（表2-2）。且Z0处理（6月28日）先于Z15处理（7月1日）达到最大值，这是由于与添加沸石处理相比，无沸石处理土壤先出现养分供应不足的现象，难以继续维持分蘖增长；而添加沸石处理中，由于沸石在水稻生长前期所吸附的养分在后期土壤养分供应不足时得以缓慢释放，以供给植物吸收并延长分蘖增长时间。自7月1日之后，Z0与Z15处理分蘖数均呈缓慢下降趋势，而Z15处理分蘖数仍显著高于Z0处理（表2-2），直至最终，可能由于生长后期沸石仍不断释放$NH_4^+$等养分，以持

续供给水稻生长，导致添加沸石处理分蘖数下降速率低于未施沸石处理，从而最终分蘖数显著提高。由图2-4b可知，分蘖前期，持续淹灌（CF）、能量调控灌溉（EC）及干湿交替灌溉（AWD）处理间分蘖数无显著差异；进入分蘖中期（6月19日）后，各处理间分蘖数开始呈显著差异（表2-2），EC与CF处理分蘖数相当，且均显著高于AWD处理。此外，AWD处理先于CF及EC处理达到分蘖峰值，可能由于分蘖前期及中期，较之CF及EC处理，AWD处理下水稻一直遭受−15kPa的水分胁迫，导致分蘖数增长缓慢，且土壤中养分有效性较低并提早出现供应不足的现象。进入分蘖末期以后，各处理分蘖数均缓慢降低，最终AWD处理分蘖数显著低于CF和EC处理，且CF与EC处理间分蘖数无显著差异（图2-4b及表2-2）。

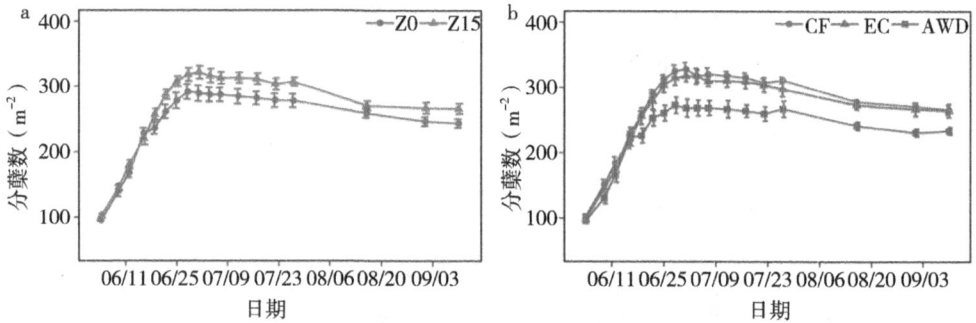

图2-4 不同沸石量与灌溉模式下水稻分蘖动态变化

表2-2 不同灌溉模式与沸石量对水稻分蘖动态影响的显著性检测

| 变异源 | 6/12 | 6/16 | 6/19 | 6/22 | 6/25 | 6/28 | 7/1 | 7/7 | 7/12 | 7/22 | 8/16 | 9/10 |
|---|---|---|---|---|---|---|---|---|---|---|---|---|
| B | $4.64^{ns}$ | $0.71^{ns}$ | $1.47^{ns}$ | $1.23^{ns}$ | $0.06^{ns}$ | $0.12^{ns}$ | $0.58^{ns}$ | $0.41^{ns}$ | $0.21^{ns}$ | $0.10^{ns}$ | $0.24^{ns}$ | $0.04^{ns}$ |
| I | $5.88^{ns}$ | $0.19^{ns}$ | $9.59^{*}$ | $23.75^{**}$ | $16.88^{*}$ | $9.15^{*}$ | $18.21^{**}$ | $15.46^{*}$ | $10.70^{*}$ | $9.39^{*}$ | $26.18^{**}$ | $21.58^{**}$ |
| Z | $1.50^{ns}$ | $0.70^{ns}$ | $6.88^{ns}$ | $13.30^{*}$ | $14.08^{*}$ | $8.50^{*}$ | $18.77^{**}$ | $10.70^{*}$ | $25.28^{**}$ | $13.66^{*}$ | $8.12^{*}$ | $7.75^{*}$ |
| I × Z | $0.34^{ns}$ | $4.76^{ns}$ | $2.77^{ns}$ | $4.63^{ns}$ | $0.61^{ns}$ | $0.44^{ns}$ | $0.16^{ns}$ | $0.09^{ns}$ | $0.65^{ns}$ | $1.69^{ns}$ | $1.89^{ns}$ | $0.67^{ns}$ |

图2-5为不同灌溉模式下沸石对水稻分蘖动态的影响，由图可知，在EC或AWD灌溉模式下，沸石对分蘖数的正效应要早于CF，且沸石对分蘖数的提高要显著高于CF灌溉，表明沸石在水分胁迫条件下对水稻的正效应要显著高于持续淹灌，也说明沸石能有效缓解水分胁迫对水稻生长的不利影响。

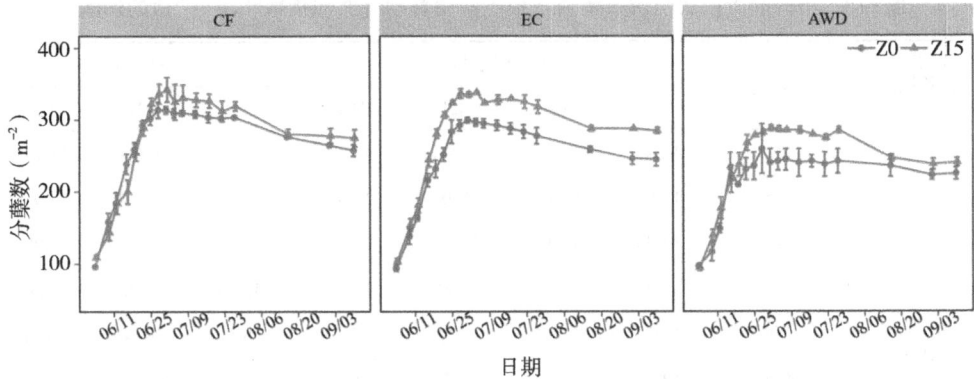

图2-5 不同灌溉模式下沸石量对水稻分蘖动态的影响

由图2-6可知，自分蘖初期开始，水稻株高逐渐增大，进入拔节孕穗期后，增长速率提高，之后持续增长，进入乳熟期后（8月12日前后）株高基本趋于稳定。图2-6a与2-6b为不同沸石量和灌溉模式对株高动态的影响，图2-6a表明，与无沸石处理相比，添加沸石处理水稻株高稍有增加，但差异并不显著。水稻全生育期，不同灌溉模式间株高无显著差异（图2-6b），自拔节孕穗期至黄熟期，AWD处理株高与CF和EC处理相比有所降低，但不显著。因此，沸石与灌溉模式均对水稻株高无显著性影响。

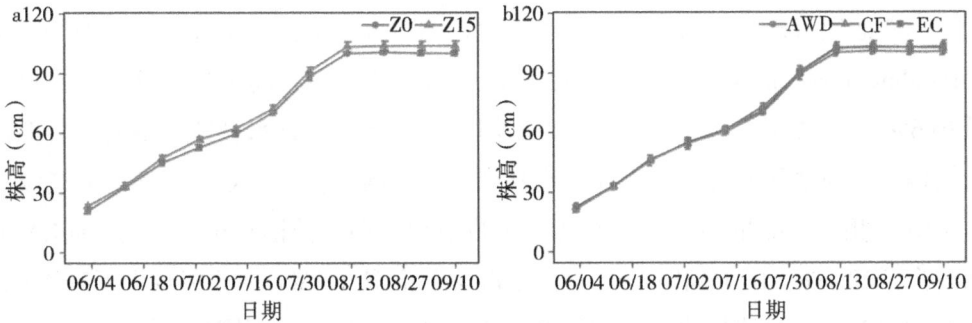

图2-6 不同沸石量与灌溉模式下水稻株高动态变化

## 2.2.2 叶面积指数

总的来看，自分蘖期（Tillering stage, T）开始，水稻叶面积指数（Leaf area index）随着生育期的推进而增长，至拔节孕穗期（Jointing-booting stage, JB）达到最大值，之后逐渐减小，到抽穗开花期稍有减少，到乳熟期显著降低（表2-3）。

表2-3　不同灌溉模式与沸石量对水稻不同生育期叶面积指数和SPAD值的影响

| 灌溉模式 | 沸石量 | 叶面积指数 | | | | SPAD | | |
|---|---|---|---|---|---|---|---|---|
| | | T | JB | HF | MR | T | JB | HF |
| CF | Z0 | 1.04a | 4.82b | 4.11b | 3.57b | 43.7a | 40.6bc | 43.7ab |
| | Z15 | 1.08a | 5.71a | 4.98a | 4.10a | 45.2a | 42.6ab | 44.9ab |
| EC | Z0 | 1.03a | 3.73d | 3.53bc | 3.25b | 43.9a | 41.2abc | 42.9bc |
| | Z15 | 1.04a | 4.44bc | 4.09b | 3.46b | 46.0a | 43.3a | 45.4a |
| AWD | Z0 | 1.02a | 3.35d | 3.21c | 2.55c | 45.4a | 39.8c | 41.4c |
| | Z15 | 1.06a | 4.22c | 3.63bc | 2.81c | 45.2a | 42.3ab | 42.9bc |
| F值 | B | $0.60^{ns}$ | $0.64^{ns}$ | $0.79^{ns}$ | $2.34^{ns}$ | $0.87^{ns}$ | $0.12^{ns}$ | $1.05^{ns}$ |
| | I | $0.10^{ns}$ | $193.43^{**}$ | $115.52^{**}$ | $65.49^{**}$ | $1.93^{ns}$ | $0.67^{ns}$ | $48.52^{**}$ |
| | Z | $0.30^{ns}$ | $163.70^{**}$ | $34.68^{**}$ | $40.89^{**}$ | $18.31^{ns}$ | $46.97^{**}$ | $35.12^{**}$ |
| | I×Z | $0.02^{ns}$ | $0.81^{ns}$ | $1.59^{ns}$ | $3.70^{ns}$ | $5.99^{ns}$ | $0.27^{ns}$ | $1.90^{ns}$ |

注：同一列内，均值后带不同的字母表示在$P < 0.05$水平上具有显著差异。B、I和Z分别表示区组、灌溉模式和沸石量因子。CF、EC和AWD分别表示持续淹灌、能量调控灌溉和干湿交替灌溉；Z0和Z15分别表示沸石量0和15t/hm²。T、JB、HF、MR分别表示分蘖期、拔节孕穗期、抽穗开花期和乳熟期。*和**分别表示在0.01和0.05水平上显著。ns表示不显著。

方差分析表明，除分蘖期外，灌溉模式与沸石量主效应对各生育期叶面积指数均有显著影响。灌溉模式与沸石量交互效应对各生育期叶面积指数均无显著影响。

　　不考虑灌溉模式，与无沸石处理相比，沸石处理下拔节孕穗期、抽穗开花期（Heading-flowering stage, HF）及乳熟期（Milky ripening stage, MR）LAI分别提高了20.6%、17.1%和10.7%，说明稻田添加沸石可显著改善水稻植株不同生育期冠层结构，进而增强光合作用，提高作物产量。就灌溉模式主效应而言，与持续淹灌（CF）相比，能量调控灌溉（EC）下拔节孕穗期、抽穗开花期及乳熟期LAI分别减少了22.4%、16.1%和12.5%；而干湿交替灌溉（AWD）分别减少了39.1%、32.9%和43.1%，这表明水分胁迫不利于水稻叶片的增长，不同生育期不同程度的水分胁迫均不同程度地降低LAI。此外，AWD处理下，拔节孕穗期、抽穗开花期及乳熟期LAI较EC处理分别降低了7.3%、10.4%和20.2%，说明较之AWD处理，EC处理更有利于适宜LAI的形成，LAI过大或过小都不利于水稻同化作用，适宜范围的LAI有利于水稻高产的形成。

### 2.2.3　叶片SPAD值

由于叶片SPAD值与植株叶片含氮量具有显著相关关系，且测定方法具有廉价、快速、简单且对植株非破坏性等特点，而被广泛用于监测不同作物叶片含氮量。此外，SPAD值能较好地指示水稻光合活性，SPAD值的增加与水稻产量的提高显著相关（Ramesh et al., 2002）。从分蘖期到抽穗开花期，叶片SPAD值呈现先降低后增加的趋势，分蘖期值最高，拔节孕穗期值最低（表2-3）。SPAD值之所以呈现该变化趋势，是由于从分蘖期到拔节孕穗期，随着土壤中含氮量的消耗，叶片含氮量逐渐降低，之后随着穗肥的施入，土壤中含氮量得到补给，随着叶片含氮量的提高，SPAD值也相应地提高。由表2-3中方差分析可知，沸石量对拔节孕穗期（JB）及抽穗开花期（HF）叶片SPAD值具有显著影响；灌溉模式对抽穗开花期叶片SPAD值具有显著影响；灌溉模式与沸石量交互效应对分蘖期、拔节孕穗期或抽穗开花期SPAD值均无显著影响。

从沸石量主效应看，与Z0处理相比，Z15处理下叶片SPAD值在拔节孕穗与抽穗开花期分别提高了5.4%和4.0%（表2-3）。沸石对叶片SPAD值的提高，可能是由于其具有较高的$NH_4^+$保留能力，在植株缺氮时能较好地将吸收的$NH_4^+$释放出来以供给植株吸收，从而增强作物对氮素的吸收。从水稻生长阶段来看，从分蘖期到抽穗开花期，Z15处理下叶片SPAD值波动较Z0处理小，也就是更稳定，说明沸石处理下土壤中氮素供给更为充分，水稻植株在缺氮时能及时得到补给。从灌溉模式主效应看，与CF处理相比，AWD处理下叶片SPAD值在抽穗开花期显著降低了4.8%（表2-3），这说明水分胁迫对植株氮素吸收具有一定的抑制作用。而EC处理下，叶片SPAD值在分蘖期、拔节孕穗期及抽穗开花期均与CF处理无显著差异。尽管EC处理下分蘖末期植株所受水分胁迫程度相对较高（土水势阈值范围为-35～-25kPa），而分蘖前、中期所受水分胁迫程度较小，因而未显著影响叶片SPAD值。

### 2.2.4　光合特性

#### 2.2.4.1　光合速率日变化

整体来看，水稻叶片光合速率日变化呈双峰曲线变化趋势，2个峰值分别出现在10:00和14:00（图2-7）。自6:00起，随着光照强度的不断增强，水稻叶片光合速率逐渐提高，直至10:00达到最大值，而8:00—10:00之间光合速率增加幅度较6:00—8:00之间有所下降，可能随着光照强度的提高，温度也随之上升，为降低叶片水分蒸腾，气孔开度有所降低，导致光合速率增速变缓；之后光合速率开始下降，可能由于光照太强，气孔开度已成为光合速率的主要限制因子，气孔开度的降低导致光合速率下降，12:00后光合速率有所增加（Z0与CF处理除外），14:00达到第二次峰值，之后由于光照强度的不断减弱，光合速率不断降低，直至18:00达到最低值。

　　自6:00起，随着光合速率的增加，Z15处理光合速率显著高于Z0处理（图2-7a），且差异逐渐增大，过10:00后Z0与Z15处理光合速率均开始下降，到12:00二者差异达到最大，之后Z15处理继续降低，Z0处理稍有增加，至14:00二者基本相等。之后随着光照强度的降低，Z0与Z15处理光合速率均开始大幅度降低，而Z15处理光合速率降低率要低于Z0且光合速率始终显著高于Z0，到18:00二者差异达最大。由于水分与氮素在植株光合过程中起着重要作用，沸石对水稻光合速率的提高，可能与其改善植株氮素吸收及水分保留有关。就灌溉模式而言，自6:00起，随着光合速率的增加，EC与CF处理光合速率无显著差异，且均显著高于AWD处理（图2-7b），至10:00差异达最大，EC处理较CF稍有降低；之后各处理光合速率逐渐降低，至12:00各处理间差异较小，12:00后CF与AWD处理继续降低，而EC处理稍有增加，至14:00 EC处理稍高于CF与AWD处理，16:00 EC与AWD处理稍高于CF，之后各处理继续降低，直至18:00达最低值且各处理间无差异。抽穗开花期EC处理土水势阈值为−10～−5kPa，而AWD处理为−15kPa，由此可见，水分胁迫会对水稻光合作用产生不利影响，而适度水分胁迫（EC）较持续淹灌对水稻光合

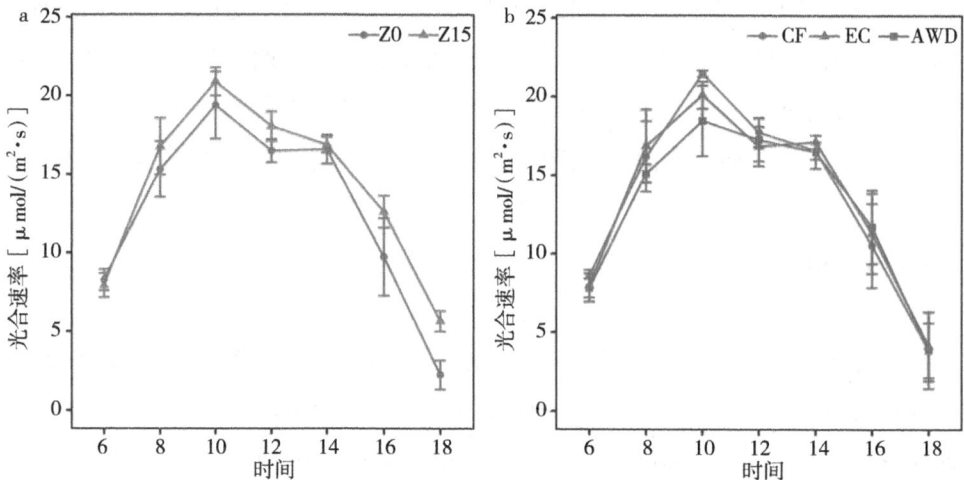

图2-7　抽穗开花期不同沸石量与灌溉模式下水稻叶片光合速率典型日变化

作用无显著影响。

### 2.2.4.2　光合特性

灌溉模式与沸石量主效应对抽穗开花期光合速率（Pn）、蒸腾速率（Tr）、气孔导度（Gs）及胞间$CO_2$浓度（Ci）均具有显著影响。灌溉模式与沸石量交互效应显著影响光合速率和气孔导度（表2-4）。

表2-4　不同灌溉模式和沸石量对水稻抽穗开花期光合特性的影响

| 灌溉模式 | 沸石量 | Pn<br>$\mu$mol/（$m^2 \cdot s$） | Tr<br>mmol/（$m^2 \cdot s$） | Gs<br>mol/（$m^2 \cdot s$） | Ci<br>$\mu$mol/mol |
|---|---|---|---|---|---|
| CF | Z0 | 21.1a | 3.51bc | 0.20bc | 147.1b |
| | Z15 | 21.8a | 4.11a | 0.27a | 130.3cd |
| EC | Z0 | 19.1b | 3.59bc | 0.19c | 145.0b |
| | Z15 | 22.1a | 4.00a | 0.22b | 124.2d |
| AWD | Z0 | 16.7c | 3.31c | 0.18c | 167.8a |
| | Z15 | 19.2b | 3.81ab | 0.22b | 138.2bc |
| F值 | B | 1.33ns | 2.57ns | 0.63ns | 0.97ns |
| | I | 54.17** | 19.20** | 43.23** | 20.19** |
| | Z | 96.96** | 123.99** | 145.80** | 150.71** |
| | I×Z | 10.94** | 1.62ns | 7.80* | 4.30ns |

注：同一列内，均值后带不同的字母表示在$P < 0.05$水平上具有显著差异。B、I和Z分别表示区组、灌溉模式和沸石量因子。CF、EC和AWD分别表示持续淹灌、能量调控灌溉和干湿交替灌溉；Z0和Z15分别表示沸石量0和$15t/hm^2$。Pn、Tr、Gs和Ci分别表示光合速率、蒸腾速率、气孔导度和胞间$CO_2$浓度。*和**分别表示在0.01和0.05水平上显著。ns表示不显著。

从沸石量主效应来看，与无沸石处理相比，沸石处理下水稻叶片光合速率提高了10.8%，且EC或AWD处理下，沸石对光合速率的正效应更大（表2-4），这也表明沸石能有效缓解水分胁迫对水稻光合过程的不利影响。从灌溉模式主效应看，EC与CF处理下光合速率无显著差异，而AWD较之CF处理光合速率显著降低了16.5%（表2-4）。从交互效应来看，IECZ15组合处理光合速率最高［22.1$\mu$mol/（$m^2 \cdot s$）］，而ECZ0组合处理光合速率最低［16.7$\mu$mol/（$m^2 \cdot s$）］。从沸石量主效应看，与未添加沸石处理相比，沸石处理下蒸腾速率提高了14.4%。不考虑沸石效应，与CF处理相比，AWD处理下蒸腾速率降低了6.7%，而EC与CF处理间蒸腾速率无显著差异。同样地，较之无沸石处理，沸石处理下气孔导度增加了23.6%。与CF处理相比，AWD及EC处理下气孔导度分别降低了15.9%和13.1%。ICFZ15处理气孔导度值最高 [0.27mol/（$m^2 \cdot s$）]，而ECZ0处理气孔导度值最低 [0.18mol/（$m^2 \cdot s$）]。与无沸石处理相比，沸石处理下叶片胞间$CO_2$浓度值降低了14.6%。从灌溉模式主效应看，与CF处理相比，AWD处理下胞间$CO_2$浓度值提高了10.3%，而EC与CF处理间胞间$CO_2$浓度值无显著差异（表2-4）。综上所述，沸石处理显著提高了叶片光合速率、蒸腾速率及气孔导度，降低了胞间$CO_2$浓度值。AWD处理对这些指标表现出负效应，而EC处理对这些指标并无显著影响，因此，与传统管理模式（ICFZ0）相比，IECZ15处理能有效改善水稻光合作用过程。

### 2.2.5　地上部生物量积累

#### 2.2.5.1　不同生育期地上部生物量积累

整体而言，自分蘖期起，随着水稻生育进程的推进，地上部生物量逐渐增加，尤其拔节孕穗至抽穗开花期增长较快（图2-8）。区组（B）因子对分蘖期、拔节孕穗期、抽穗开花期及乳熟期地上部生物量均无显著影响（表2-5），表明区组间差异并未对地上部生物量产生影响。分蘖期与拔节孕穗期，灌溉模式（I）、沸石量（Z）主效应及其交互效应（I×Z）对地上部生物量均无显著影响。而抽穗开花期与乳熟期，灌溉模式与沸石量主效应均显著影响地上部生物量积累（表2-5）。

表2-5　不同灌溉模式与沸石量下水稻不同生育期地上部生物量方差分析

| 变异源 | 分蘖期地上部生物量 | 拔节孕穗期地上部生物量 | 抽穗开花期地上部生物量 | 乳熟期地上部生物量 |
|---|---|---|---|---|
| B | $0.37^{ns}$ | $0.46^{ns}$ | $1.92^{ns}$ | $3.07^{ns}$ |
| I | $0.82^{ns}$ | $0.15^{ns}$ | $8.49^{*}$ | $6.46^{*}$ |
| Z | $1.06^{ns}$ | $1.67^{ns}$ | $6.09^{*}$ | $8.01^{*}$ |
| I×Z | $0.60^{ns}$ | $0.99^{ns}$ | $0.48^{ns}$ | $0.10^{ns}$ |

注：B、I和Z分别表示区组、灌溉模式和沸石量因子。*和**分别表示在0.01和0.05水平上显著。ns表示不显著。

分蘖期，不同灌溉模式及沸石量间地上部生物量均无显著差异（图2-8）。拔节孕穗期，EC处理地上部生物量稍高于CF与AWD处理（图2-8a），但差异并未达到显著性水平（$P < 0.05$），表明尽管EC处理分蘖末期水分胁迫程度相对较高（土水势阈值区间：-35～-25kPa），但并未对植株地上部生长造成较大影响，而

AWD处理自分蘖初期便开始经历水分胁迫（土水势阈值–15kPa），导致其地上部生物量相对较小。沸石处理地上部生物量稍高于无沸石处理（图2-8b），但差异未达显著性水平（$P < 0.05$），表明沸石对拔节孕穗期地上部生物量具有一定的正效应。抽穗开花期，与CF处理相比，AWD处理地上部生物量降低了12.8%，而EC处理与CF处理间地上部生物量无显著差异（图2-8a），且AWD处理较之EC处理地上部生物量显著降低了14.2%，表明EC处理抽穗开花期轻度水分胁迫（土水势阈值区间：–10 ~ –5 kPa）并不会对水稻地上部生长造成不利影响，而AWD处理下水分胁迫程度（土水势阈值为–15 kPa）相对较高，尤其是多生育期连续处于该胁迫阈值，则不利于水稻地上部生长。抽穗开花期，沸石处理较之无沸石处理地上部生物量提高了17.5%，这是由于随着水稻生育期的推进，无沸石处理土壤中氮素逐渐消耗，氮素成为地上部生长的主要限制因子，而沸石处理中沸石吸附的$NH_4^+$逐渐释放到土壤中，以供给植株根系吸收，并促进地上部生长。乳熟期，较之CF处理，AWD处理地上部生物量降低了10.0%，而EC处理稍有减低（图2-8a），或许与乳熟期EC处理水分胁迫程度（土水势阈值区间：–20 ~ –10kPa）稍有增加有关，但并未达到显著性水平（$P < 0.05$），也表明乳熟期水稻对水分胁迫并不敏

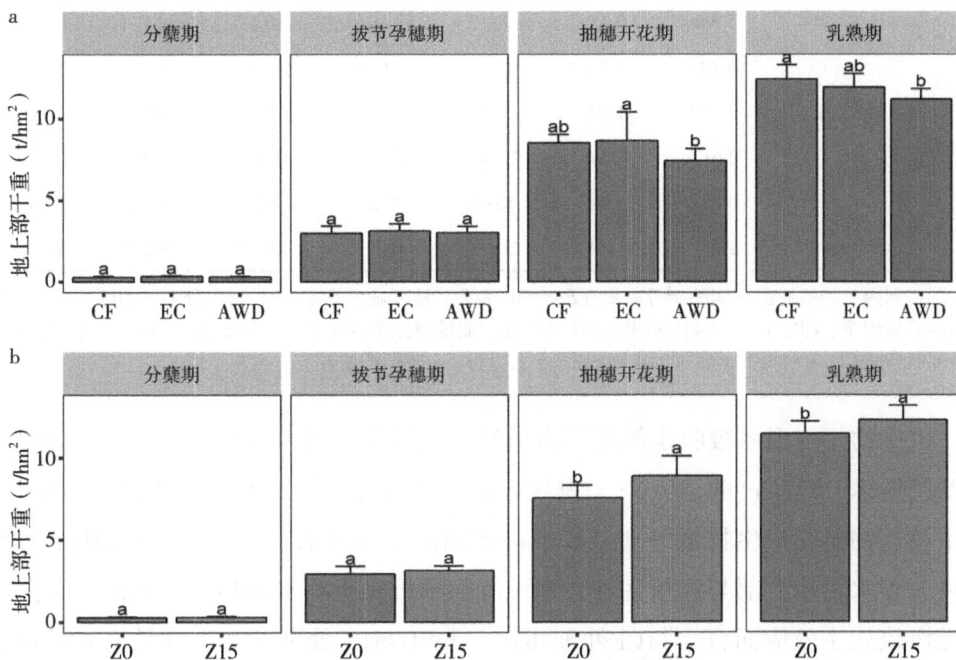

图2-8　不同灌溉模式和沸石量对水稻不同生育期地上部干重的影响

感。沸石处理较无沸石处理，地上部生物量提高了7.5%（图2-8b）。总之，除分蘖期外，沸石在不同生育期均不同程度地提高了地上部生物量。较之CF处理，AWD处理不利于地上部生长，于抽穗开花与乳熟期显著降低了地上部生物量，而EC处理地上部生物量与CF处理相当。

### 2.2.5.2 黄熟期植株各器官及地上部生物量

灌溉模式（I）主效应对黄熟期叶、穗及地上部生物量有显著影响；沸石量（Z）主效应对穗与根干重有显著影响；区组因子（B）主效应及灌溉模式与沸石量交互效应（I×Z）对茎、叶、穗、根及地上部生物量均无显著影响（表2-6）。

表2-6 不同灌溉模式和沸石量对黄熟期水稻茎、叶、穗、根干重、地上部干重、根冠比及收获指数的影响

| 灌溉模式 | 沸石量 | 茎干重<br>（t/hm²） | 叶干重<br>（t/hm²） | 穗干重<br>（t/hm²） | 根干重<br>（t/hm²） | 地上部干重<br>（t/hm²） | 根冠比 | 收获指数 |
|---|---|---|---|---|---|---|---|---|
| CF | Z0 | 6.07a | 2.72a | 10.48b | 2.70ab | 19.27ab | 0.14a | 0.54a |
| | Z15 | 6.06a | 2.77a | 11.65a | 3.21a | 20.48a | 0.16a | 0.57a |
| EC | Z0 | 6.56a | 2.57a | 10.24bc | 2.33ab | 19.38ab | 0.12a | 0.53a |
| | Z15 | 5.82a | 2.31a | 11.83a | 2.88ab | 19.96ab | 0.15a | 0.59a |
| AWD | Z0 | 5.33a | 2.11a | 9.09c | 1.94b | 16.53b | 0.12a | 0.55a |
| | Z15 | 5.70a | 2.32a | 9.56bc | 2.18ab | 17.58ab | 0.12a | 0.54a |
| F值 | B | 0.14ns | 1.29ns | 0.65ns | 0.12ns | 0.11ns | 0.20ns | 0.57ns |
| | I | 2.61ns | 10.06** | 19.68** | 2.37ns | 23.68** | 0.95ns | 0.39ns |
| | Z | 0.18ns | 0.00ns | 40.49* | 7.41* | 3.29ns | 2.58ns | 8.34* |
| | I×Z | 1.24ns | 1.70ns | 3.73ns | 0.40ns | 0.13ns | 0.28ns | 4.65ns |

注：同一列内，均值后带不同的字母表示在 $P < 0.05$ 水平上具有显著差异。B、I和Z分别表示区组、灌溉模式和沸石量因子。CF、EC和AWD分别表示持续淹灌、能量调控灌溉和干湿交替灌溉；Z0和Z15分别表示沸石量0和15t/hm²。*和**分别表示在0.01和0.05水平上显著。ns表示不显著。

根生物量与根系吸收水氮的能力呈显著正相关，因而被认为是根系特性中最重要的指标（Yang et al., 2012）。从沸石量主效应看，与无沸石处理相比，沸石处理下穗生物量与根生物量分别提高了10.8%和18.5%（表2-6），表明稻田施用沸石可改善水稻地上部与根系生长，这可能与沸石对土壤水分和养分的保留有关。就灌溉模式主效应而言，与CF处理相比，AWD与EC处理下叶生物量均显著降低（表2-6），而EC处理下叶生物量稍高于AWD处理，但差异并不显著，表明水分

胁迫对水稻叶片生长有所抑制，且AWD处理抑制作用更大。与CF处理相比，AWD处理下穗生物量降低了15.8%，而EC与CF处理间穗生物量无显著差异，说明干湿交替灌溉（AWD，−15kPa）不利于水稻穗的形成，而能量调控灌溉（EC）对水稻穗的形成无显著影响，相比之下更加利于水稻经济产量的形成。从不同沸石量平均值来看，CF处理根生物量最高，EC处理次之，AWD处理最低，但三者之间差异并不显著（表2-6），说明本研究中节水处理对水稻地下部生长无显著影响。与CF处理相比，AWD处理地上部生物量减少了14.2%，而EC较之CF处理地上部生物量稍有降低，但差异不显著（表2-6）。沸石处理地上部生物量（19.34t/hm²）高于无沸石处理（18.39t/hm²），但差异并未达到显著性水平（$P < 0.05$）。

### 2.2.6　根冠比及收获指数

灌溉模式（I）与沸石量（Z）主效应及其交互效应（I×Z）对水稻根冠比均无显著影响（表2-6）。沸石量主效应对收获指数具有显著影响，灌溉模式及沸石量与灌溉模式交互效应对收获指数无显著影响。

根冠比（Root-shoot ratio）反映了作物地下部与地上部分的生长发育及协调性，该比例也是衡量作物能否适应水分、养分等环境因素的重要指标。从沸石量主效应看，尽管Z15与Z0处理间根冠比差异未达到显著性水平（$P < 0.05$），沸石对根冠比仍表现出增长趋势（表2-6），从2.2.5.2可知沸石显著提高了根生物量，尽管对地上部生物量也有所提高，由于根生物量的增长高于地上部生物量，因而根冠比仍有所提高。从灌溉模式主效应看，EC与CF处理间根冠比差异不大，而AWD处理较CF处理呈下降趋势，但三者间差异未达到显著性水平（$P < 0.05$，表2-6）。一般认为，在大多数情况下收获指数（Harvest index, HI）与作物产量及水氮利用效率密切相关（Yang and Zhang, 2006; Zhang et al., 2008b），提高收获指数是实现节水、增产双重目标的一种重要途径（Yang and Zhang, 2010）。与无沸石处理相比，沸石处理下收获指数提高了5.0%（表2-6），表明稻田施用沸石可通过提高水稻生殖生长阶段籽粒的形成，以提高经济产量。从灌溉模式主效应看，CF、EC及AWD处理间收获指数无显著差异（表2-6）。

### 2.2.7　水稻产量

#### 2.2.7.1　不同斜发沸石量对水稻产量的影响

持续淹灌下，不同沸石量对水稻产量的影响及产量变化率如图2-9所示。在0～15t/hm²沸石量范围内，水稻产量随沸石量的增加而增加，Z15（沸石量15t/hm²）

处理下产量达最大值，之后随着沸石量的继续增加，Z20（沸石量20t/hm²）与Z40（沸石量40t/hm²）处理下产量出现降低，但仍高于对照处理Z0（沸石量0t/hm²）。与Z0处理相比，Z4（沸石量4t/hm²）、Z8（沸石量8t/hm²）、Z10（沸石量10t/hm²）、Z15、Z20、Z40处理下产量分别提高3.11%、5.35%、6.49%、7.97%、5.62%和4.43%。因此，在水稻增产方面，15t/hm²为研究区最佳沸石施用量，基于此，本文后续试验中所采用沸石量均为15t/hm²。

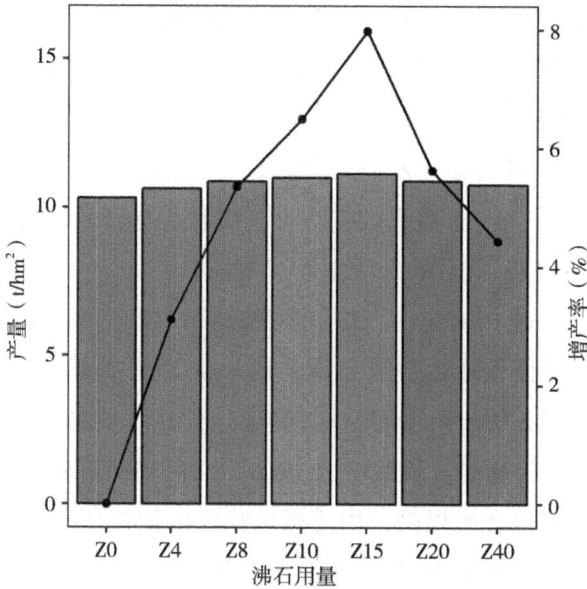

图2-9　不同沸石量下水稻产量及增产率

### 2.2.7.2　不同灌溉模式下斜发沸石对水稻产量及产量构成的影响

灌溉模式（I）与沸石量（Z）对产量及产量构成影响的方差分析结果如表2-7所示。区组因子（B）主效应及灌溉模式与沸石量（I×Z）交互效应对产量、有效穗数、每穗粒数、结实率及千粒重均无显著影响。灌溉模式（I）主效应对产量与有效穗数具有显著影响；沸石量（Z）主效应对产量、有效穗数、每穗粒数及千粒重具有显著影响。灌溉模式（I）与沸石量（Z）主效应均对结实率无显著影响。

由不同灌溉模式与沸石量水平多重比较结果可知，与无沸石（Z0）处理相比，沸石（Z15）处理下水稻产量提高了7.5%（表2-7）。从灌溉模式主效应看，与CF处理相比，AWD处理下产量降低了15.3%，而EC处理产量与CF处理无显著差异，表明较之干湿交替灌溉（AWD），能量调控灌溉（EC）在节水的同时亦能维持水稻产量。与Z0处理相比，Z15处理下有效穗数、每穗粒数及千粒重分别提高了4.5%、13.9%和1.6%，由此可知，沸石增产的原因主要是对有效穗数及每穗粒数的提高。此外，沸石的增产效应还可通过图2-10a作进一步解释，由图可知，产量与光合速率间存在显著正相关关系（$R^2 = 0.603$），而沸石对光合速率也存有显著正效应。AWD处理有效穗数较之CF处理降低了19.2%，而EC与CF处理间有效穗数无显著差异，表明AWD处理下有效穗数的减少是造成其减产的主要原因。由于灌溉模式与沸石量对产量无显著交互效应，综上所述，IECZ15组合处理可为稻田节水增产双重目标的实现提供理论参考。

表2-7　不同灌溉模式与沸石量对水稻产量及产量构成的影响

| 灌溉模式 | 沸石量 | 有效穗数 | 每穗粒数 | 结实率（%） | 千粒重（g） | 产量（t/hm²） |
|---|---|---|---|---|---|---|
| CF | Z0 | 14.6c | 130.4ab | 94.6a | 24.8a | 10.64b |
| | Z15 | 15.0bc | 155.9a | 94.7a | 25.1a | 11.44a |
| EC | Z0 | 15.5ab | 123.3b | 97.4a | 24.8a | 10.39b |
| | Z15 | 16.2a | 143.6ab | 95.1a | 25.3a | 11.38a |
| AWD | Z0 | 11.6d | 132.1ab | 97.1a | 24.8a | 9.11c |
| | Z15 | 12.3d | 140.0ab | 96.8a | 25.1a | 9.58c |
| F值 | B | 1.72[ns] | 0.08[ns] | 0.30[ns] | 0.96[ns] | 1.78[ns] |
| | I | 13.10** | 1.97[ns] | 4.95[ns] | 0.35[ns] | 53.81** |
| | Z | 26.61* | 22.86* | 1.97[ns] | 1.91** | 50.11* |
| | I×Z | 0.65[ns] | 1.94[ns] | 1.64[ns] | 0.10[ns] | 2.04[ns] |

注：同一列内，均值后带不同的字母表示在$P < 0.05$水平上具有显著差异。B、I和Z分别表示区组、灌溉模式和沸石量因子。CF、EC和AWD分别表示持续淹灌、能量调控灌溉和干湿交替灌溉；Z0和Z15分别表示沸石量0和15t/hm²。*和**分别表示在0.01和0.05水平上显著。ns表示不显著。

### 2.2.8　稻米品质

#### 2.2.8.1　碾磨品质

不同灌溉模式与沸石量对稻米碾磨品质影响如表2-8所示。由方差分析结果可知，区组（B）与年（Y）主效应对糙米率（BRR）、精米率（MRR）及整精米率（HRR）均无显著影响；I×Z及Y×I×Z交互效应对BRR、MRR及HRR亦无显著

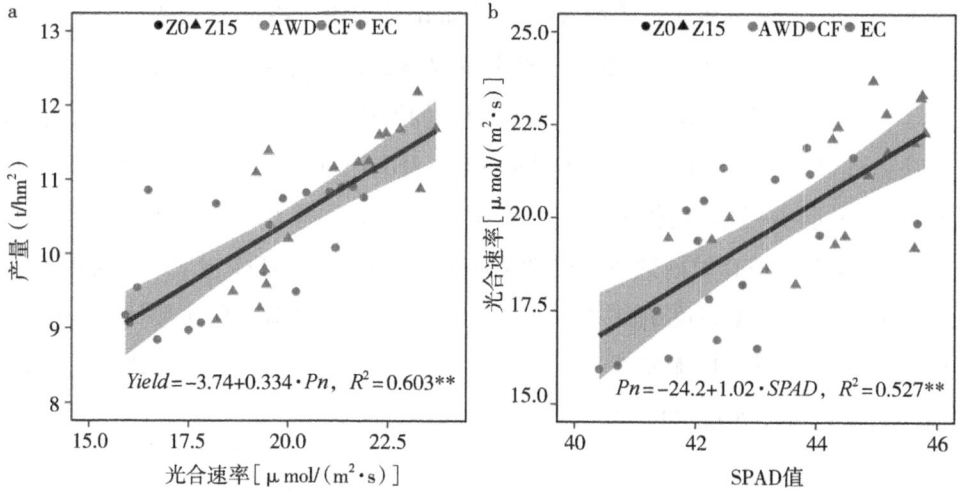

注：**表示在$P<0.01$水平上显著相关（$n=36$）。

图2-10　水稻产量与光合速率及光合速率与叶片SPAD值间的相关关系

影响；灌溉模式（I）主效应显著影响MRR与HRR；沸石量（Z）主效应显著影响HRR；Y×I及Y×Z交互效应分别显著影响HRR与MRR（表2-8）。

从灌溉模式主效应来看，与CF处理相比，EC及AWD处理下2014与2015年精米率分别提高了1.8%、2.0%和1.0%、2.0%（表2-8）。同样地，EC及AWD处理下整精米率也显著提高了。从沸石量主效应看，与无沸石处理相比，沸石处理下2014与2015年整精米率分别提高了2.8%与2.5%（表2-8）。

#### 2.2.8.2　外观品质

不同灌溉模式与沸石量对稻米外观品质影响如表2-8所示。B、Y主效应对垩白粒率（CRR）及垩白度均无显著影响；Y×I、Y×Z、I×Z及Y×I×Z交互效应对垩白粒与垩白度无显著影响；I、Z主效应均显著影响垩白粒率与垩白度。

就灌溉模式主效应而言，与CF处理相比，EC与AWD处理下2014与2015年垩白粒率分别降低了48.9%、58.0%和34.4%、54.0%（表2-8）；垩白度分别降低了51.6%、64.8%和36.5%、57.4%，表明干湿交替灌溉下稻米外观品质得到了显著改善。从沸石量主效应来看，与无沸石处理相比，沸石处理下2014与2015年垩白粒率与垩白度分别降低了29.6%、36.3%和41.2%、38.9%，表明沸石显著改善了稻米外观品质。

表2-8  不同年份灌溉模式与沸石量对稻米碾磨品质及外观品质的影响

| 灌溉模式 | 沸石量 | 有效穗数 | 每穗粒数 | 结实率（%） | 千粒重（g） | 产量（t/hm²） |
|---|---|---|---|---|---|---|
| CF | Z0 | 14.6c | 130.4ab | 94.6a | 24.8a | 10.64b |
| | Z15 | 15.0bc | 155.9a | 94.7a | 25.1a | 11.44a |
| EC | Z0 | 15.5ab | 123.3b | 97.4a | 24.8a | 10.39b |
| | Z15 | 16.2a | 143.6ab | 95.1a | 25.3a | 11.38a |
| AWD | Z0 | 11.6d | 132.1ab | 97.1a | 24.8a | 9.11c |
| | Z15 | 12.3d | 140.0ab | 96.8a | 25.1a | 9.58c |
| F值 | B | 1.72ns | 0.08ns | 0.30ns | 0.96ns | 1.78ns |
| | I | 13.10** | 1.97ns | 4.95ns | 0.35ns | 53.81** |
| | Z | 26.61* | 22.86* | 1.97ns | 1.91** | 50.11* |
| | I×Z | 0.65ns | 1.94ns | 1.64ns | 0.10ns | 2.04ns |

注：同一列内，均值后带不同的字母表示在 $P < 0.05$ 水平上具有显著差异。B、I和Z分别表示区组、灌溉模式和沸石量因子。CF、EC和AWD分别表示持续淹灌、能量调控灌溉和干湿交替灌溉；Z0和Z15分别表示沸石量0和15t/hm²。*和**分别表示在0.01和0.05水平上显著。ns表示不显著。

#### 2.2.8.3 淀粉RVA谱特性

不同灌溉模式与沸石量对稻米淀粉RVA普特性影响如表2-9所示。由方差分析结果可知，B、Z主效应对最高黏度（PV）、热浆黏度（HV）、崩解值（BD）、冷浆黏度（CV）、消减值（SEB）、峰值时间（PET）、糊化温度（PAT）及回复值（CSV）均无显著影响；Y×Z及Y×I×Z交互效应对上述指标均亦无显著影响；Y主效应显著影响PV、HV、BD、CV及SEB；I主效应显著影响PV、BD、CV及SEB；Y×Z与I×Z交互效应分别显著影响HV与PV。

与CF处理相比，EC处理下2014与2015年PV值分别增加了4.8%和5.1%；AWD处理下分别增加了7.1%和5.3%。ECZ15和ECZ0处理分别于2014与2015年获得最高PV值（表2-9）。同样地，EC及AWD处理下2014与2015年BD值较之CF处理分别增加了29.4%、39.3%和20.3%、18.8%。2014年，EC及AWD处理CV值低于CF处理，但差异未到显著性水平；2015年，EC与AWD处理下CV值较CF处理均降低了4.2%。从灌溉模式来看，与CF处理相比，EC处理下2014与2015年SEB值分别降低了46.4%和81.3%；AWD处理分别降低了59.1%和82.2%。2014年ECZ15处理SEB值最低，2015年ECZ0处理SEB值最低（表2-9）。

表2-9　不同年份不同灌溉模式与沸石量对稻米淀粉RVA谱特性的影响

| 年份 | 灌溉模式 | 沸石量 | 最高黏度 PV (RVU) | 热浆黏度 HV (RVU) | 崩解值 BD (RVU) | 冷浆黏度 CV (RVU) | 消减值 SEB (RVU) | 峰值时间 PET (min) | 糊化温度 PAT (℃) | 回复值 CSV (RVU) |
|---|---|---|---|---|---|---|---|---|---|---|
| 2014 | CF | Z0 | 255.5c | 198.0a | 57.5b | 289.2ab | 33.8ab | 6.4a | 72.1a | 91.3a |
| | | Z15 | 254.6c | 202.5a | 52.0b | 296.1a | 41.6a | 6.5a | 72.2a | 93.6a |
| | EC | Z0 | 264.7b | 194.5a | 70.2a | 288.9ab | 24.2bc | 6.4a | 72.2a | 94.4a |
| | | Z15 | 269.9ab | 198.4a | 71.6a | 286.2b | 16.3c | 6.4a | 72.1a | 87.8a |
| | AWD | Z0 | 272.8a | 196.4a | 76.4a | 288.4ab | 15.6c | 6.4a | 72.1a | 89.3a |
| | | Z15 | 273.5a | 197.4a | 76.1a | 288.7ab | 15.2c | 6.4a | 71.8a | 87.8a |
| 2015 | CF | Z0 | 236.6b | 174.7a | 64.3b | 263.0ab | 26.4a | 6.4a | 72.1a | 81.6a |
| | | Z15 | 234.3b | 173.6a | 63.9b | 264.7a | 30.4a | 6.3a | 71.8a | 91.0a |
| | EC | Z0 | 245.7a | 162.1a | 76.9a | 252.1b | 6.4b | 6.4a | 72.4a | 90.0a |
| | | Z15 | 249.4a | 168.6a | 77.4a | 253.6ab | 4.2b | 6.2a | 71.0a | 84.9a |
| | AWD | Z0 | 250.4a | 177.0a | 75.4a | 252.7b | 2.3b | 6.4a | 72.4a | 80.4a |
| | | Z15 | 245.2a | 168.3a | 76.9a | 253.0ab | 7.8b | 6.4a | 71.3a | 84.8a |
| F值 | B | | 0.18$^{ns}$ | 9.31$^{ns}$ | 10.91$^{ns}$ | 1.07$^{ns}$ | 1.01$^{ns}$ | 3.01$^{ns}$ | 0.12$^{ns}$ | 0.84$^{ns}$ |
| | Y | | 606.99$^{**}$ | 2841.01$^{**}$ | 83.90$^{*}$ | 3631.70$^{**}$ | 157.37$^{**}$ | 2.00$^{ns}$ | 0.60$^{ns}$ | 7.82$^{ns}$ |
| | I | | 92.23$^{**}$ | 1.26$^{ns}$ | 31.20$^{**}$ | 19.37$^{**}$ | 79.09$^{**}$ | 0.67$^{ns}$ | 0.53$^{ns}$ | 0.87$^{ns}$ |
| | Y×I | | 3.74$^{ns}$ | 0.82$^{ns}$ | 2.17$^{ns}$ | 3.24$^{ns}$ | 1.13$^{ns}$ | 0.68$^{ns}$ | 0.38$^{ns}$ | 0.33$^{ns}$ |
| | Z | | 0.07$^{ns}$ | 0.47$^{ns}$ | 0.16$^{ns}$ | 1.68$^{ns}$ | 1.00$^{ns}$ | 0.15$^{ns}$ | 4.96$^{ns}$ | 0.66$^{ns}$ |
| | Y×Z | | 4.34$^{ns}$ | 7.48$^{*}$ | 0.90$^{ns}$ | 0.03$^{ns}$ | 1.33$^{ns}$ | 0.01$^{ns}$ | 2.78$^{ns}$ | 1.77$^{ns}$ |
| | I×Z | | 9.07$^{**}$ | 4.18$^{ns}$ | 1.31$^{ns}$ | 2.20$^{ns}$ | 8.21$^{ns}$ | 1.63$^{ns}$ | 0.70$^{ns}$ | 6.71$^{ns}$ |
| | Y×I×Z | | 1.13$^{ns}$ | 1.44$^{ns}$ | 0.65$^{ns}$ | 1.77$^{ns}$ | 2.00$^{ns}$ | 0.84$^{ns}$ | 0.35$^{ns}$ | 0.40$^{ns}$ |

注：同一年同一列内，均值后带不同的字母表示在$P < 0.05$水平上具有显著差异。B、Y、I和Z分别表示区组、年、灌溉模式和沸石量因子。CF、EC和AWD分别表示持续淹灌、能量调控灌溉和干湿交替灌溉；Z0和Z15分别表示沸石量0和15t/hm²。RVU表示淀粉黏滞性单位。*和**分别表示在0.01和0.05水平上显著。ns表示不显著。

综上所述，沸石处理显著提高稻米整精米率，通过降低垩白粒率及垩白度而显著改善稻米外观品质；与持续淹灌处理相比，EC与AWD处理均提高稻米精米率及整精米率，降低了垩白粒率及垩白度，提高了最高黏度、崩解值，并降低了冷浆黏度与回复值，从而显著改善稻米品质。因此，能量调控灌溉处理结合沸石应用不仅能节水增产，还能有效改善稻米品质。

### 2.2.9 稻米品质主成分分析

主成分分析（PCA）结果表明，前3个特征值大于1的主成分解释了90.6%的稻米品质总变异（表2-10）。第一主成分（PC1）代表了60.3%的总变异，相关系数范围为−0.96～0.98，主要解释了精米率、整精米率、外观品质（垩白粒率与垩白度）及部分淀粉黏滞特性（最高黏度、崩解值、冷浆黏度及消减值）。第二主成分（PC2）解释了18.8%的总变异，主要包括糙米率、糊化温度及峰值时间。第三主成分（PC3）解释了11.5%的总变异，主要来自热浆黏度与回复值。

表2-10　稻米品质变量荷载得分及各主成分贡献率

| 稻米品质 | 稻米品质与主成分间相关系数 | | |
| --- | --- | --- | --- |
| | PC1 | PC2 | PC3 |
| 碾磨品质 | | | |
| 糙米率 | 0.58 | 0.78 | 0.03 |
| 精米率 | 0.93 | −0.19 | 0.10 |
| 整精米率 | 0.81 | −0.55 | −0.14 |
| 外观品质 | | | |
| 垩白粒率 | −0.87 | 0.47 | 0.14 |
| 垩白度 | −0.87 | 0.47 | 0.06 |
| 淀粉黏滞特性 | | | |
| 最高黏度 | 0.96 | 0.01 | 0.23 |
| 崩解值 | 0.98 | 0.10 | 0.04 |
| 冷浆黏度 | −0.92 | −0.30 | −0.06 |
| 消减值 | −0.96 | −0.12 | −0.17 |
| 糊化温度 | −0.41 | 0.42 | 0.13 |
| 峰值时间 | −0.49 | −0.69 | 0.35 |
| 热浆黏度 | −0.51 | −0.42 | 0.74 |
| 回复值 | −0.36 | −0.33 | −0.81 |
| 特征值 | 7.84 | 2.45 | 1.49 |
| 贡献率 | 60.3 | 18.8 | 11.5 |
| 累计贡献率 | 60.3 | 79.1 | 90.6 |

注：对于各个特性，选取3个主成分中绝对值最大的荷载得分。选取特征值大于1的主成分列于表中，并认为其具有显著性（Tabachnick and Fidell, 1996）。

标准化PC1与PC2及PC2与PC3间相关关系如图2-11所示。图中实线箭头表示各品质指标变量，箭头长度表示各品质指标与PCs间的相关程度。蓝色虚线箭头表示灌溉模式（Irrigation）与沸石量（Zeolite）处理。图中cos2表示主成分对各变量的代表性高低，变量的cos2值越高表示PCs能更好地代表该变量。例如，糙米率（BRR）与PC1及PC2均呈正相关关系，且相关系数分别为0.58和0.78；而精米率（MRR）与PC1呈正相关（0.93），与PC2呈负相关（-0.19）。整精米率（HRR）与PC1呈正相关（0.81），与PC2（-0.55）及PC3（-0.14）均呈负相关。外观品质（垩白粒率与垩白度）与PC2和PC3均呈正相关，而与PC1呈负相关。最高黏度（PV）、崩解值（BD）均与PC1和PC2呈较强正相关关系；冷浆黏度（CV）、消减值（SEB）、峰值时间（PET）、热浆黏度（HV）及回复值（CSV）均与PC1和PC2呈负相关关系，与PC3呈正相关或负相关关系；糊化温度（PAT）与PC1呈负相关，与PC2和PC3呈正相关关系。此外，由图2-11a可知，灌溉模式（Irrigaiton）与PC1呈高度正相关关系，这表明灌溉模式由持续淹灌（CF）转变为能量调控灌溉（EC）或干湿交替灌溉（AWD）对精米率、整精米率、外观品质及大部分淀粉黏滞特性产生了正面影响。沸石（Zeolite）与PC1间相对较低的正相关关系（图2-11a）表明，沸石对部分稻米品质特性如整精米率（HRR）、垩白粒率（CRR）及垩白度（Chalkiness）等具有显著正面影响，这与前文中的品质方差分析结果一致（表2-8）。尽管沸石量与PC2间具有相对高的负相关关系（图2-11b），沸石

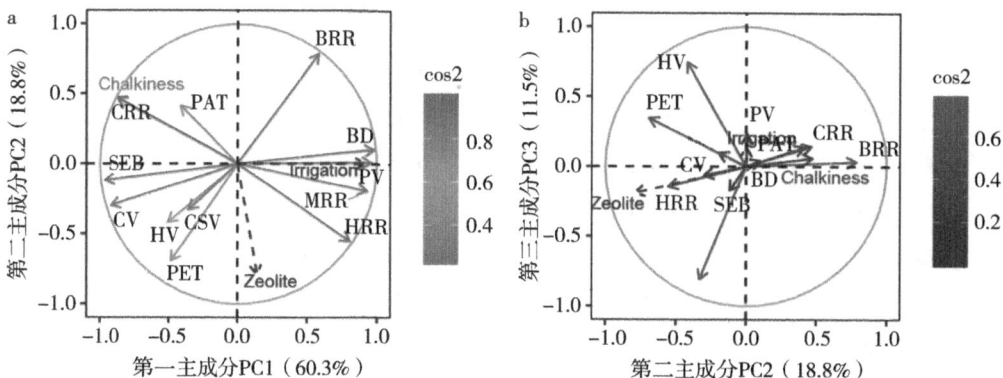

注：蓝色带箭头的虚线表示灌溉模式和沸石量因子。BRR、MRR、HRR、CRR、PV、HV、BD、CV、SEB、PAT、PET和CSV分别表示糙米率、精米率、整精米率、垩白粒率、最高黏度、热浆黏度、崩解值、冷浆黏度、消减值、糊化温度、峰值时间和回复值。

图2-11　稻米品质PC1与PC2及PC2与PC3双标图

量并未对糙米率（BRR）、糊化温度（PAT）或峰值时间（PET）产生显著影响（表2-8、表2-9），这或许是因为PC2在总变异中所占比例（18.8%）本身较小。

## 2.3 讨论

### 2.3.1 斜发沸石与灌溉模式对水稻叶面积指数、SPAD值及光合速率的影响

沸石由于具有保留土壤水分与养分的能力，而常被用作土壤改良剂以改善不同类型土壤上植株的生长，并提高作物产量。已有研究表明，沸石能提高不同作物的叶面积指数（Kavoosi, 2007; Aghaalikhani et al., 2012; Khan et al., 2013）。本研究中，与无沸石处理相比，沸石量15t/hm²处理下拔节孕穗期叶面积指数（最大值）提高了17.2%。Aghaalikhani et al.（2012）研究结果与本文类似，并指出沸石提高叶面积指数是由于在氮素亏缺的条件下，沸石能缓慢释放出氮素以供给植株吸收利用。Gholamhoseini et al.（2013）报道，沸石通过改善植株生长期间氮素有效性以提高叶面积指数，且叶面积指数与植株干重高度相关，因此，沸石可通过增加叶面积指数以提高作物产量。然而与CF处理相比，AWD与EC处理均降低了拔节孕穗期叶面积指数（表2-3）。这与Wopereis et al.（1996）研究结果类似，他们发现由于水稻叶片扩展过程对水分亏缺极度敏感，灌溉水量的降低会导致叶片扩展减少，从而减少叶面积指数。而周明耀等（2006）指出，水稻叶面积指数只有维持在适宜的范围内才能获取高产，这或许解释了EC处理在叶面积指数降低的情况下，产量仍然得以维持的原因。

本研究中，沸石提高了拔节孕穗与抽穗开花期水稻叶片SPAD值，与前人研究结果类似（Aghaalikhani et al., 2012; Zanjani et al., 2012; Najafinezhad et al., 2015）。由于叶片SPAD值与叶含氮量呈正相关关系，沸石之所以能提高SPAD值，或许是由于其独特的$NH_4^+$保留能力增加了植株对氮素的吸收。Bybordi et al.（2018）也报道了类似的发现，并认为沸石通过改善植株水分与养分供给以提高叶绿素含量（SPAD值）。此外，SPAD值增加或许是由于沸石从土壤中吸收了Zn、Fe、Mg等养分，提高了这些养分对植株的有效性，从而增强了叶绿素的合成（Fallah et al., 2007）。抽穗开花期，与CF处理相比，AWD处理叶片SPAD值减少了，而EC处理无显著改变（表2-3）。水分胁迫下叶片叶绿素含量（SPAD值）的减少在其他作物中也有报道，如小麦（Paknejad et al., 2007）、棉花（Massacci et al., 2008）等，这是由于水分胁迫下，有限的水分与养分供给导致叶绿体色素发生退化，从而减

少叶绿素含量（Sairam and Srivastava, 2012）。另外，EC处理SPAD值高于AWD处理，表明AWD处理下叶片更早地发生衰退。

施用沸石显著增加了抽穗开花期水稻叶片光合速率（表2-4）。Bybordi and Ebrahimian (2013)在油菜籽栽培试验中也发现了类似的结果，并将光合速率的提高归因于沸石对氮素吸收的增强与土壤水分的保留，因为水、氮因子在光合过程中起着重要作用。此外，光合速率与SPAD值之间的显著正相关关系也表明，沸石对叶片氮含量（SPAD值）的提高也增加了光合速率（图2-10b）。De Smedt et al.（2017）推断，沸石提高苹果树与番茄植株的光合速率，是由于其吸附了较多的$CO_2$分子，提高了叶片$CO_2$浓度进而增强光合过程。光合作用极易受水分胁迫的影响，本研究中，与CF处理相比，AWD处理光合速率显著降低，而EC处理无显著变化。Zhou et al.（2017）也发现了类似结果，即水稻光合速率随水分亏缺程度增加而降低。然而，EC与CF处理光合速率相当，或许是由于抽穗开花期EC处理土水势阈值（−10～−5 kPa）较低。

### 2.3.2　斜发沸石与灌溉模式对水稻产量的影响

沸石（4～8t/hm²）与氮肥混合应用作为缓释肥，提高了小麦（13%～15%）、茄子（19%～55%）、胡萝卜（63%）和苹果（13%～38%）等作物的产量（Torii, 1987）。也有研究表明，不同沸石量应用于稻田中可显著提高水稻产量（Kavoosi, 2007; Gevrek et al., 2009; Sepaskhah and Barzegar, 2010; Chen et al., 2017b）。本研究中，与无沸石处理相比，沸石量15t/hm²下水稻产量提高了7.5%。沸石增产可能的原因是沸石能直接吸收尿素水解后形成的$NH_4^+$，并在发生硝化作用之前释放出来以被植株吸收，这将利于植株生长并提高产量，而无沸石处理$NH_4^+$更易发生硝化作用（Malekian et al., 2011）。沸石较强的$NH_4^+$保留能力归因于其对土壤阳离子交换量（CEC）的改善（Gholamhoseini et al., 2013）。Chen et al.（2017b）研究表明，稻田中施沸石量5～15t/hm²，土壤CEC、交换性钾与残留氮分别提高20.1%～44.6%、14.2%～35.8%和25.8%～81.0%。此外，在第二年不施沸石的情况下，沸石对这些性质的正效应仍存在。同样，本研究在第二年未施沸石的情况下，沸石的增产效应仍存在，表明沸石的正效应至少能维持2年。沸石在稻田中的长期效应需做进一步测定。另外，沸石的增产机制可通过光合速率的响应作进一步解释。沸石对抽穗开花期光合速率的提高或许与增产有关，因为沸石增加了同化物的合成（Jabran et al., 2017）且产量与光合速率间存在显著正相关关系（图2-10a）。此外，从沸石应用成本效益的角度考虑，2014年沸石在我国的单价是26USD/t，本研究推荐的沸石量（15t/hm²）在2014与2015（无沸石添加）两年将额外花费390USD/hm²（15t×26USD）。2014与2015年，我国水稻市场售价约为500USD/t。因此，沸石（15t/hm²）增产带来的收益约为750USD/hm²（1.5t×500USD），试验区施沸石量15t/hm²在经济上也是可行的。

AWD灌溉对水稻产量的影响仍存在较多争议。有研究指出，适度AWD可通过改善水稻根系生长，促进灌浆过程，进而增加水稻产量（Zhang et al., 2009）。Belder et al.（2004）报道称AWD对水稻产量无显著影响。Bouman and Tuong（2001）总结了31篇有关AWD试验的文献并发现，与CF处理相比，92%的AWD处理造成了0~70%的水稻减产。本研究中，与CF处理相比，AWD处理（土水势阈值为–15kPa）下水稻产量降低了15.4%，这与Zhou et al.（2017）试验结果一致，他们发现与充分灌溉处理相比，适度水分亏缺［土水势阈值为（–15±5）kPa］显著降低水稻产量。然而，Carrijo et al.（2017）报道称AWD处理（土水势阈值≥–20kPa）与CF相比并未造成水稻显著减产。AWD对产量影响的差异或许与土水势阈值、土壤性质、水稻种植期间气候条件、氮肥管理方式及水稻品种有关（Bouman and Tuong, 2001; Belder et al., 2004）。就土壤性质而言，在重质土上，水稻根系在干旱条件下极易受到伤害，进而影响水稻生长，显著降低产量（Sanchez, 1973a, b）。此外，AWD造成水稻减产，或许是由于土壤干湿交替过程通过加强硝化-反硝化作用加大了氮素损失，从而减少植株氮素吸收（Liu et al., 2010）。本研究中，EC与CF处理间产量无显著差异。通常来说，水稻抽穗开花期对水分胁迫极为敏感，严重水分胁迫将对水稻生长造成不利影响，EC处理下，抽穗开花期土水势阈值为–10～–5kPa，并没有AWD处理水分胁迫程度高（土水势阈值为–15kPa），对水稻生长影响较小。另外，EC处理分蘖末期水分胁迫程度相对较高（土水势阈值为–35～–25kPa），将抑制过多的无效分蘖，使得更多的水分与养分分配到有效分蘖上，最终利于水稻高产的形成。因此，能量调控灌溉模式（EC）是试验区实现水稻节水、稳产双重目标的一种较为适宜的节水技术。

### 2.3.3　斜发沸石与灌溉模式对稻米品质的影响

近年来，有关沸石应用对水稻生长及产量正效应的报道逐渐增多（Gevrek et al., 2009; Sepaskhah and Barzegar, 2010; Chen et al., 2017b），然而有关沸石对水稻品质影响的报道仍不多见。本研究表明，沸石显著改善了稻米整精米率、垩白粒率及垩白度，对淀粉黏滞特性无显著影响。一般来说，稻米品质主要决定于遗传因素与环境因素，沸石对稻米品质的改善可能由于其增强了氮素与水分对植株的有效性。同样地，Gevrek et al.（2009）研究发现，沸石处理下稻米整精米率提高了61%，由于整精米率随氮肥水平提高而增加（Pan et al., 2009），整精米率的提高可归因于沸石对氮肥有效性的增强。本研究中沸石对稻米垩白粒率及垩白度的减少，或许是由于沸石前期从土壤中吸附的氮素，在后期逐渐释放出来以供植株吸收利用，维持了较为稳定的水稻灌浆过程（Zhong et al., 2007）。这些结果与Chen et al.（2017a）有所差异，其研究发现沸石对这些稻米品质（碾磨、外观及蒸煮品质）无显著影响，这些差异或许与所用水稻品种、土壤质地及水稻种植期间气候条件等因素有关。

Cheng et al.（2003）研究表明，水分管理对稻米品质具有显著影响。与淹灌处理相比，适度AWD处理显著提高稻米糙米率、精米率及整精米率，并减少垩白粒率及垩白度（Yang et al., 2007; Huang et al., 2008; Zhang et al, 2008b）。同样地，本研究发现与CF处理相比，EC与AWD处理显著增加了稻米精米率与整精米率，降低了垩白粒率与垩白度，这表明EC及AWD处理下稻米碾磨与外观品质均得到了改善。此外，EC及AWD处理较之CF处理，最高黏度与崩解值显著提高了，而消减值显著降低。这与蔡一霞等（2006）研究结果一致，他们报道称在高氮水平下水分胁迫提高了最高黏度与崩解值，降低了消减值。本研究中，对于最高黏度、热浆黏度、冷浆黏度及消减值等黏滞特性，2014年的值相对2015年有所增加，这或许是由2年试验期间灌浆期温度存在差异所造成。通常来说，高的峰值黏度、崩解值及低的热浆黏度、冷浆黏度、消减值意味着稻米具有较好的食味（Han et al., 2004）。尽管如此，水分胁迫对稻米品质影响的原因仍不是很清楚。适度AWD对稻米品质的改善或许是由于其增强了灌浆期谷粒中蔗糖合成酶（SuS）、腺苷二磷酸葡萄糖焦磷酸酶（AGP）、淀粉合成酶（StS）、淀粉分支酶（SBE）等酶的活性，因为这些酶参与了谷粒中蔗糖–淀粉合成途径（Zhang et al., 2008b）。此外，灌溉模式对淀粉黏滞特性的改善，可能是由于水分有效性影响了支链淀粉分子的长度（Bryant et al., 2012）。综上所述，EC与AWD处理均能改善稻米品质。

## 2.4 小结

本章研究了持续淹灌下不同斜发沸石量对水稻产量的影响及不同灌溉模式下

斜发沸石对水稻生长生理特性、产量及稻米品质的影响，主要结论如下：

（1）持续淹灌及常规施肥量下，依据水稻产量得出试验区稻田最佳斜发沸石施用量为15t/hm²。

（2）分蘖初期，斜发沸石与灌溉模式均对分蘖数无显著影响；进入分蘖中期后，斜发沸石显著提高分蘖数，且对分蘖数的正效应一直持续到最终。AWD处理分蘖数显著低于CF处理，而EC处理分蘖数与CF处理无显著差异。斜发沸石与灌溉模式对株高均无显著影响。

（3）拔节孕穗期、抽穗开花期及乳熟期，斜发沸石处理均显著提高了叶面积指数。与CF处理相比，AWD与EC处理均降低了叶面积指数，且EC处理降低幅度小于AWD处理。

（4）拔节孕穗期与抽穗开花期，斜发沸石显著提高了叶片SPAD值。抽穗开花期，与CF处理相比，AWD处理降低了叶片SPAD值，而EC处理则无显著变化。

（5）抽穗开花期水稻叶片光合速率日变化表明：斜发沸石提高了不同时段光合速率。光合速率上升阶段，EC与CF处理光合速率无显著差异，且均显著高于AWD处理；下降阶段，灌溉模式间光合速率基本无差异。此外，斜发沸石处理提高了叶片蒸腾速率、气孔导度，并降低了胞间$CO_2$浓度。与CF处理相比，AWD处理降低了蒸腾速率与气孔导度，并提高了胞间$CO_2$浓度，而EC处理除气孔导度降低外，其他光合指标无显著变化。

（6）抽穗开花期与乳熟期，斜发沸石提高了水稻地上部生物量。与CF处理相比，AWD处理降低了地上部生物量，而EC处理无显著变化。

（7）15t/hm²斜发沸石处理下水稻产量提高了7.5%。与CF处理相比，AWD处理下水稻产量降低了15.3%，而EC处理产量无显著变化。斜发沸石主要通过提高有效穗数、每穗粒数及千粒重以提高产量，而造成AWD处理减产的主要原因是有效穗数的降低。

（8）斜发沸石显著提高了稻米整精米率，通过提高垩白粒率和垩白度显著改善了稻米外观品质；与CF处理相比，EC与AWD处理提高了稻米精米率、整精米、最高黏度、崩解值，降低了垩白粒率和、垩白度、冷浆黏度及回复值，即能量调控与干湿交替灌溉均显著改善了稻米碾磨品质、外观品质及部分淀粉黏滞特性。

# 3 能量调控灌溉下斜发沸石对稻田氮素 动态及水分利用的影响

　　干湿交替灌溉条件下，稻田土壤处于淹水与落干交替循环的状态，将形成厌氧与需氧交替的环境，当土壤处于需氧环境时，$NH_4^+$易发生硝化作用转化为$NO_3^-$；当处于厌氧环境时，$NO_3^-$易发生反硝化作用生成$N_2$或$N_2O$等气体（Tan et al., 2013），稻田土壤频繁的干湿交替过程势必会加强土壤硝化-反硝化作用，增加$NO_3^-$淋溶损失及$N_2$或$N_2O$挥发损失，不仅降低氮肥利用率，还将造成严重的水体富营养化、地下水污染及大气污染等环境问题（Ju et al., 2009）。因此，在应用干湿交替灌溉等节水技术实现水稻节水、增产目标的同时，采取适当的措施以缓解稻田氮素流失现状，对于提高氮肥利用效率及减轻环境污染等具有重要意义。此外，斜发沸石晶体结构由于具有较高的孔隙率和比表面积，而具有较强的持水特性，能维持达自重60%的水分（Polat et al., 2004），尤其在干旱时期，可通过释放自身吸收的水分以缓解水分胁迫对作物的不利影响（Moradi-Ghahderijani et al., 2017; Hazrati et al., 2017; Ozbahce et al., 2018）。因此，干湿交替灌溉下，斜发沸石能否通过对稻田土壤$NH_4^+$的保留及对稻田落干时期水分胁迫的缓解，以提高稻田氮素利用并进一步实现稻田节水也是很值得研究的问题。因此，本章基于斜发沸石的节水保氮特性，研究了不同灌溉模式下斜发沸石对水稻氮素吸收、稻田渗漏液无机氮动态、不同土壤深度无机氮含量及水分利用的影响，并结合室内试验进一步明确了斜发沸石的节水机制，以期为绿色节水稻田的实现提供理论依据。

## 3.1 材料与方法

### 3.1.1 试验材料

同2.1.2。

### 3.1.2 试验设计

#### 3.1.2.1 沸石量与灌溉模式耦合试验

同2.1.3.2。

#### 3.1.2.2 沸石量对土壤持水性能影响试验

于试验地采集0~10cm耕层土壤，土样经风干、过筛后，按实测容重1.50g/cm³，与斜发沸石分别以0%、1.00%和6.67%（质量比）的比例充分掺混，该比例等价于稻田0~10cm土层中施斜发沸石量0、15和100t/hm²。之后将混合物分层装入容积为100cm³的环刀中。试验开始前，将全部环刀样品置于蒸馏水中饱和处理48h，之后置于105℃烘箱中干燥24h，以计算土壤含水率。各处理重复3次，取均值作为结果。采用高速冷冻离心机（日本HITACHI公司生产）测定土壤水分特征曲线，离心装置设置的转速分别为0、300、600、900、1500、2400、3600、4500、6300和9000r/min，对应的土壤水势分别为0、1.96、7.85、17.65、49.04、125.54、282.47、441.36、865.09和1765.43 kPa。每次离心结束后，用电子天平对环刀进行称重，以计算土壤含水率。

### 3.1.3 测定项目及方法

#### 3.1.3.1 土壤水分特征曲线

利用试验获取的土壤含水量及土水势数据，应用RETC软件对各处理下土壤水分特征曲线进行拟合，拟合过程中选取普遍应用的van Genuchten模型，具体方程如下：

$$\theta(h) = \begin{cases} \theta_r + \dfrac{\theta_s - \theta_r}{(1 + |\alpha h|^n)^m}, & h < 0 \\ \theta_s, & h \geqslant 0 \end{cases} \tag{3-1}$$

式中：$\theta$、$\theta_r$和$\theta_s$分别为体积含水率、饱和体积含水率和残余体积含水率（cm³/cm³）；$h$为压力水头（m）；$\alpha$为与进气吸力相关的参数；$m$和$n$为形状系数，且$m = 1-1/n$。

### 3.1.3.2 田间土水势日变化测定

采用中科院南京土壤所研制的水银负压计测定各处理土水势变化。分别于各生育期，当EC与AWD处理的土水势值接近设定的阈值时，选择晴朗的天气，从6:00至18:00，每隔2h观测1次土水势值。

### 3.1.3.3 耗水量及水分利用效率

水稻全生育期耗水量由以下公式计算（Chen et al., 2017a）：

$$WC = I + P + K + (W_0 - W_Y) \qquad (3-2)$$

式中：$WC$为全生育期总耗水量（mm）；$I$为灌水量（mm）；$P$为降雨量（mm）；$K$为地下水补给量（mm）；$W_0$和$W_Y$分别为泡田前及收获后土壤储水量（mm）。由于蒸渗仪上方安装有电动遮雨棚且底部是封闭的，降雨量及地下水补给量均为0。$W_0$与$W_Y$之间的差值由以下公式计算：

$$W_0 - W_Y = I_Y - I_0 \qquad (3-3)$$

式中：$I_0$表示泡田至稻田形成约5cm稳定水层所需的灌溉水量（mm），$I_Y$表示收获后灌溉至稻田形成约5cm稳定水层所需水量（mm）。水分利用效率计算公式如下：

$$WUE = 100 \times Y/WC \qquad (3-4)$$

式中：$WUE$表示水分利用效率（kg/m³）；$Y$表示水稻产量（t/hm²）。

### 3.1.3.4 植株氮含量测定

各生育期植株茎、叶、穗、根（黄熟期）部分烘干后，用植物样粉碎机磨碎并过0.15mm筛，之后称取约0.2000g样品用于全氮含量测定。采用全自动凯氏定氮仪（BUCHI KjelFlex K-360）测定植株全氮含量。由植株各器官干重及氮素浓度计算各器官氮素积累量及总氮积累量。

### 3.1.3.5 渗漏液中铵态氮及硝态氮含量

各处理渗漏水样由蒸渗仪底部排水阀门处采集。自每次施肥（基肥、分蘖肥、穗肥）后第一天起开始采集水样，每隔2d采集1次，连续采集3次，之后每隔4d采集1次，连续采集2次，其他时间每隔1周采集1次，直至黄熟末期。每次取样时，采用50mL注射器抽取渗漏水样，之后用直径为0.45μm的微孔滤膜过滤后，装入50mL的聚乙烯塑料瓶中，并加入2滴浓$H_2SO_4$酸化，之后将水样保存于-80℃冰箱中，直至用于测定无机氮浓度。采用德国生产的AA3型连续流动分析仪（Continuous-Flow Analyzer; FCA）测定水样中的$NH_4^+$-N及$NO_3^-$-N浓度。

### 3.1.3.6 土壤中氮含量及阳离子交换量

黄熟期结束后，从各处理中分别采集0~30cm和30~60cm深度土样，每个处理选取3个不同的位置取样，之后立即收集约20g土样，用于土壤含水率测定，剩余土样装入塑料自封袋中，并保存于-80℃冰箱中，直至用于土壤$NH_4^+$-N、$NO_3^-$-N、全氮含量及阳离子交换量的测定。土样先用2M KCl溶液浸提后，采用AA3型连续流动分析仪测定$NH_4^+$-N及$NO_3^-$-N浓度。采用半微量凯氏定氮法，利用全自动凯氏定氮仪（BUCHI KjelFlex K-360）测定土壤全氮含量。土壤阳离子交换量采用1M乙酸铵交换法（GB7863—87）测定。

### 3.1.4 统计分析

本研究中，由于年因子主效应、年与灌溉模式及年与沸石量交互效应对指标均无显著影响，故采用2年数据均值作为结果进行分析。运用SAS 9.4软件对数据进行裂区方差分析，其中灌溉模式作为主区，沸石量作为副区。各指标均由3次重复计算均值。采用Tukey's HSD检测对主因子及交互因子不同水平间均值进行多重比较，显著性水平为5%。

## 3.2 结果与分析

### 3.2.1 地上部氮素积累

不同灌溉模式与沸石量下水稻不同生育期地上部氮素吸收如图3-1所示。从整体变化趋势来看，地上部氮吸收量（ANU）随着生育期的推进逐渐增大，分蘖期（T）值较低，到拔节孕穗期（JB）迅速增长，之后仍呈增长趋势，但增长速率逐渐减缓。从沸石量角度看，分蘖期与拔节孕穗期Z0与Z15处理间地上部氮素吸收量无显著差异，从拔节孕穗到抽穗开花期（HF），Z15处理ANU迅速增长，至抽穗开花期显著高于Z0处理，到乳熟期（MR）后Z15处理ANU仍显著高于Z0处理（图3-1a）。从灌溉模式角度看，分蘖期与拔节孕穗期CF、EC及AWD间ANU无显著差异，至抽穗开花期后，不同灌溉模式间ANU大小顺序为：EC > CF > AWD，但EC与CF处理间差异不大，且均显著高于AWD处理；到乳熟期后，EC与CF处理间ANU基本无差异，且均高于AWD处理（图3-1b），水稻生长后期AWD处理ANU低于EC及CF处理或许是由于其地上部生物量较低（图2-8a）。

不同灌溉模式与沸石量对水稻黄熟期地上部氮素吸收（ANU）的影响如表3-1所示，区组（B）、灌溉模式（I）主效应及灌溉模式与沸石量（I×Z）交互效应

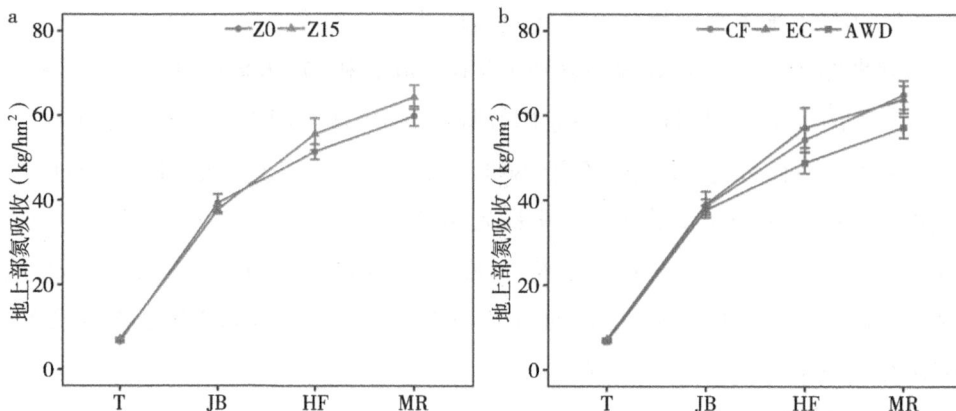

图3-1 不同沸石量与灌溉模式对水稻各生育期地上部氮素吸收的影响

均对ANU无显著影响，沸石量（Z）主效应显著影响ANU。从沸石量主效应看，Z15处理ANU较之Z0处理提高了35.5%。就灌溉模式而言，CF处理ANU虽高于EC与CF处理，但三者之间差异并未达到显著性水平（表3-1）。

表3-1 不同灌溉模式和沸石量对土壤CEC、全氮含量及黄熟期植株地上部总氮吸收的影响

| 灌溉模式 | 沸石量 | 阳离子交换量CEC（cmol/kg） | 土壤全氮（g/kg） | 地上部总氮吸收（kg/hm²） |
|---|---|---|---|---|
| CF | Z0 | 15.97a | 0.73b | 74.01abc |
| | Z15 | 17.45a | 0.88a | 98.07a |
| EC | Z0 | 15.43a | 0.69b | 62.53c |
| | Z15 | 16.90a | 0.77ab | 95.03ab |
| AWD | Z0 | 15.98a | 0.71b | 68.41bc |
| | Z15 | 17.70a | 0.75ab | 84.61abc |
| F值 | B | 0.29ns | 1.27ns | 2.58ns |
| | I | 1.48ns | 1.95ns | 3.07ns |
| | Z | 19.87** | 17.01** | 38.72** |
| | I×Z | 0.05ns | 2.34ns | 1.46ns |

注：同一列内，均值后带不同的字母表示在$P < 0.05$水平上具有显著差异。B、I和Z分别表示区组、灌溉模式和沸石量因子。CF、EC和AWD分别表示持续淹灌、能量调控灌溉和干湿交替灌溉；Z0和Z15分别表示沸石量0和15t/hm²。*和**分别表示在0.01和0.05水平上显著。ns表示不显著。

### 3.2.2 渗漏液中NH$_4^+$-N与NO$_3^-$-N动态变化

#### 3.2.2.1 NH$_4^+$-N动态变化

不同沸石量（a）与灌溉模式（b）下水稻生长季稻田渗漏液中NH$_4^+$-N及NO$_3^-$-N浓度动态变化如图3-2所示。由图可知，渗漏液中NH$_4^+$-N浓度主要变化趋势如下：自基肥施用（5月23日）后，NH$_4^+$-N浓度逐渐增大，1周左右（5月31日）达到峰值，之后NH$_4^+$-N浓度快速降低，施分蘖肥（6月3日）后，NH$_4^+$-N浓度开始波动性上升，直到6月24日再次达到峰值；之后NH$_4^+$-N浓度逐渐降低，施穗肥（7月12日）后稍微有所上升，7月17日达到最大值，由于穗肥占总施氮量比例较小，第三次峰值要显著低于前两次；之后NH$_4^+$-N浓度开始降低并逐渐趋于稳定，自8月5日后又开始呈缓慢上升趋势，直至8月26日达到峰值，后期NH$_4^+$-N浓度之所以再次出现上升的趋势，可能由于营养生长结束后，大量氮肥仍残留在土壤中，随着土壤中水分的流动逐渐迁移到更深土层中，并淋溶到渗漏液中，从而导致渗漏液中NH$_4^+$-N浓度较高。从沸石量角度看，Z0处理NH$_4^+$-N浓度变化范围为0.08~0.69mg/L，而Z15处理变化范围为0.07~0.65mg/L。6月24日与7月17日（NH$_4^+$-N浓度达到峰值），Z15处理NH$_4^+$-N浓度较Z0处理分别降低了24.5%和58.7%。就平均值而言，Z15处理NH$_4^+$-N平均浓度（0.257mg/L）比Z0处理（0.275mg/L）低6.5%。因此，与无沸石处理相比，沸石处理可显著降低渗漏液中NH$_4^+$-N浓度。从灌溉模式角度看，CF处理NH$_4^+$-N浓度变化范围为0.07~0.77mg/L，EC与AWD处理分别为0.07~0.53mg/L和0.07~0.60mg/L；从平均值来看，EC（0.22mg/L）与AWD（0.24mg/L）处理平均浓度均低于CF（0.27mg/L）处理。从峰值浓度来看，5月31日、6月24日及8月26日，EC与AWD处理NH$_4^+$-N浓度较CF处理分别降低了30.7%和22.3%、40.0%和41.6%及18.0%和23.0%。总的来说，与持续淹灌相比，干湿交替灌溉处理下渗漏液中NH$_4^+$-N浓度有所降低。

#### 3.2.2.2 NO$_3^-$-N动态变化

NO$_3^-$-N浓度变化趋势与NH$_4^+$-N类似，即分别于基肥、分蘖肥及穗肥施用后逐渐达到峰值，之后逐渐降低，不同之处在于，除第一次达到峰值时间（5月31日）外，其他峰值时间与NH$_4^+$-N有所差异，且生长后期NO$_3^-$-N浓度达到峰值的时间（8月12日）要明显早于NH$_4^+$-N（图3-2）。从沸石量角度看，Z0处理下渗漏液中NO$_3^-$-N浓度变化范围为3.35~10.49mg/L，而Z15处理下变化范围为2.61~9.97mg/L，即Z15处理下NO$_3^-$-N浓度普遍低于Z0处理（图3-2a）。从平均值来看，Z15处理下渗漏液中$NO_3^-$-N平均浓度为5.44mg/L，比Z0处理（6.38mg/L）低14.7%。由此可知，与无沸石对照处理相比，沸石处理显著降低了稻田渗漏液中$NO_3^-$-N浓度。从灌溉模式角度看，CF处理下$NO_3^-$-N浓度变化范围为2.70~9.60mg/L，EC处理变化范围为2.89~9.91mg/L，AWD处理变化范围为2.82~11.66mg/L，即AWD处理下$NO_3^-$-N浓度普遍高于CF与EC处理（图3-2b）。5月31日、7月1日及8月12日，AWD处理$NO_3^-$-N浓度较之CF处理分别增加了21.4%、21.2%和19.6%；而EC与CF处理间$NO_3^-$-N浓度差异不明显（图3-2b）。AWD处理下$NO_3^-$-N浓度较高是由于干湿交替过程提高了稻田土壤中的含氧量，土壤中$NO_3^-$-N浓度随着硝化作用的增强而增加，且$NO_3^-$-N随水流迁移到深层土壤中，进而导致渗漏液中$NO_3^-$-N浓度偏高。

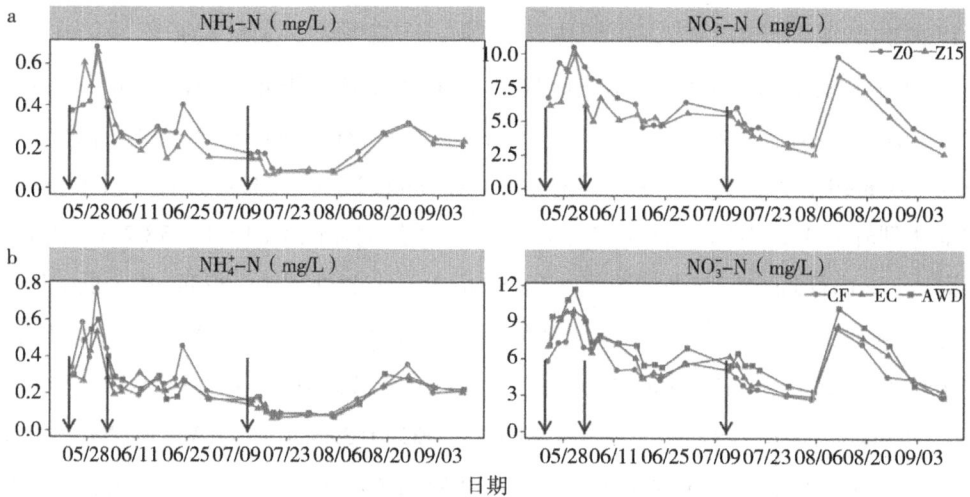

注：箭头表示施肥时间

图3-2　不同沸石量与灌溉模式下渗漏液中$NH_4^+$-N与$NO_3^-$-N浓度动态变化

### 3.2.3　土壤CEC及全氮含量

土壤阳离子交换量（Cation exchange capacity, CEC）是指土壤吸附与交换阳离子的能力。土壤CEC值越高表示其所带负电荷越高，且能持有的阳离子越多。因此，CEC的高低在很大程度上决定了土壤对养分的持有能力。由方差分析结果可知，区组（B）、灌溉模式（I）主效应及灌溉模式与沸石量（I×Z）交互效应对土壤阳离子交换量（CEC）均无显著影响，沸石量（Z）主效应显著影响阳离子交换量（表3-1）。与无沸石处理相比，沸石处理下土壤CEC提高了9.8%，而不同灌溉模式间CEC无显著差异（表3-1）。

同样地，土壤全氮量仅受沸石量（Z）主效应影响，I主效应及I×Z交互效应均对全氮量无显著影响（表3-1）。与Z0处理（0.71g/kg）相比，Z15处理（0.80g/kg）土壤全氮量提高了12.7%，表明沸石处理可显著提高表层（0~30cm）土壤全氮含量。不同灌溉模式处理间土壤全氮含量无显著差异（表3-1）。

### 3.2.4 土壤$NH_4^+$-N与$NO_3^-$-N含量

不同灌溉模式与沸石量处理对黄熟期不同土层深度$NH_4^+$-N与$NO_3^-$-N的影响如图3-3所示。由图3-3a可知，0~30cm土层中$NH_4^+$-N含量要显著高于30~60cm土层。从沸石量角度看，沸石显著提高了不同土层土壤中$NH_4^+$-N含量，且0~30cm土层中$NH_4^+$-N含量的提高幅度要高于30~60cm土层，表明沸石对表层（0~30cm）土壤中$NH_4^+$-N含量影响更为明显。沸石对土壤中$NH_4^+$-N含量的增加，主要是由于其具有较高的CEC及对$NH_4^+$较强的吸附性，提高了土壤对$NH_4^+$的保留能力。从灌溉模式来看，不同土层中$NH_4^+$-N含量大小顺序为：CF > EC > AWD，EC与AWD处理下$NH_4^+$-N含量均显著低于CF，但AWD与EC处理间$NH_4^+$-N含量差异较小。AWD与EC处理下$NH_4^+$-N含量较低，是由于土壤长期处于干湿交替循环状态，硝化作用增强，导致大量$NH_4^+$-N发生硝化作用，从而含量降低（图3-3a）。此外，0~30cm土层中，与CF处理相比，EC或AWD处理下沸石对$NH_4^+$-N含量的提升幅度更大（图3-3a），表明沸石能较好地缓解干湿交替灌溉条件下土壤氮素损失严重的现象。

不同灌溉模式下，0~30cm土层中Z15处理$NO_3^-$-N含量均高于Z0处理；而30~60cm土层中Z15处理$NO_3^-$-N含量均低于Z0处理（图3-3b），表明沸石可提高表层土壤中$NO_3^-$-N含量，并降低深层土壤中$NO_3^-$-N含量。不同沸石量下，0~30cm与30~60cm土层中$NO_3^-$-N含量大小不同，Z0处理（ICFZ0、IECZ0及IAWDZ0）下30~60cm土层$NO_3^-$-N含量显著高于0~30cm土层；而Z15处理（ICFZ15、IECZ15及IAWDZ15）下30~60cm土层$NO_3^-$-N含量则低于0~30cm土层（图3-3b），这是由于沸石具有较强的CEC，将更多的$NO_3^-$-N保留于表层土壤中，阻止其向深层土壤中迁移。此外，同一沸石处理下（Z0或Z15），0~30cm和30~60cm土层中EC或AWD处理$NO_3^-$-N含量均高于CF处理（图3-3b），这是由于干湿交替条件加强了土壤硝化作用，导致更多的$NH_4^+$-N转化为$NO_3^-$-N。30~60cm土层中，IECZ15处理下$NO_3^-$-N低于IECZ0处理，说明EC下添加沸石可降低$NO_3^-$-N向深层土壤的迁移，从而缓解$NO_3^-$-N引起的地下水污染。

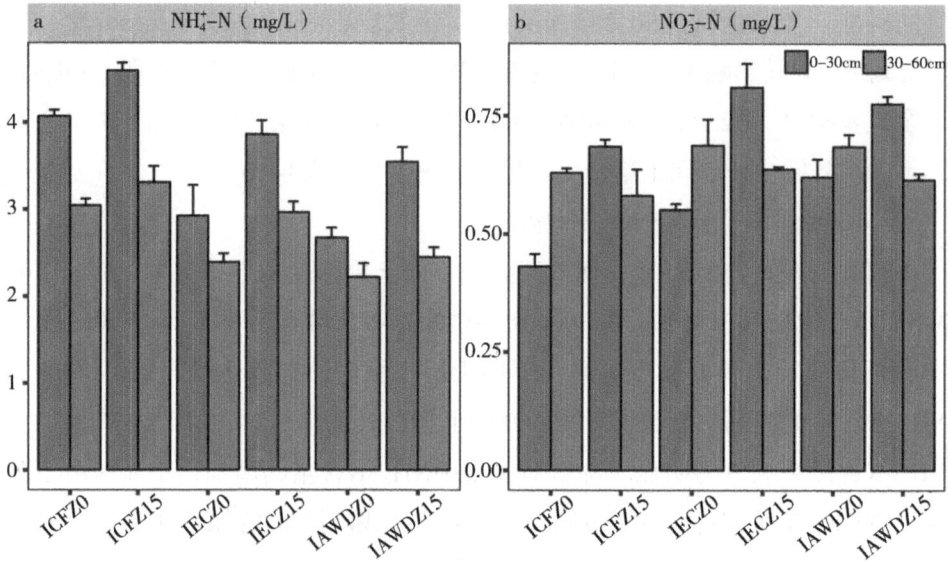

图3-3　不同灌溉模式与沸石量处理对黄熟期稻田土壤中0~30cm与30~60cm
深度$NH_4^+$-N与$NO_3^-$-N含量的影响

### 3.2.5　斜发沸石量对土壤持水性能的影响

#### 3.2.5.1　土壤水分特性曲线

全吸力段不同沸石量下土壤水分特征曲线如图3-4a所示。0~100kPa范围内不同沸石量下土壤水分特征曲线如图3-4b所示。由图3-4a可知，从单一曲线变化趋势来看，土壤体积含水率随土水势的增大而逐渐降低，当土水势相对较低时（-125~0kPa），体积含水率随土水势变化较快；当土水势变大后（<-125kPa），体积含水率随土水势变化率逐渐降低。从不同曲线间差异来看，相同土水势条件下，土壤体积含水率随沸石量的增加而增加（Z100 > Z15 > Z0），且三者之间的差异随土水势的递增而逐渐增大，土水势超过-865kPa后差异基本趋于稳定。由图3-4b可看出，在EC控水区间内（-35~0kPa），同一土水势下，Z15处理体积含水率高于Z0处理，且二者之间差异随土水势增加而增加。在土水势 -5、-10、-20、-25、-35kPa下，Z15处理体积含水率分别比Z0处理高2.9%、5.4%、10.1%、12.1%和15.5%。在AWD处理（-15kPa）下，土壤中施沸石15t/hm²（Z15）可提高7.8%的体积含水率。此外，Z15或Z100处理下，土水势增加引起的土壤含水量降低幅度要小于Z0处理。因此，稻田中施入沸石可显著改善土壤持水性能，尤其在节水灌溉条件下（AWD或EC）效果更为明显，即沸石能缓解水分胁迫对水稻生长的不利

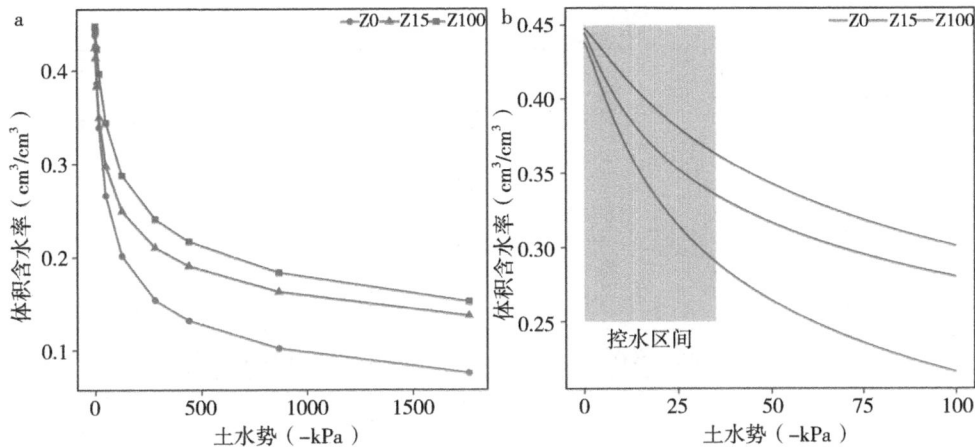

图3-4 不同沸石量对土壤水分特征曲线及能量调控灌溉控水区间内土壤持水性能的影响

影响。

### 3.2.5.2 土水势日变化

由于分蘖末期和乳熟期EC处理土水势阈值相对较高，因此，本研究选取分蘖末期和乳熟期2个生育期，分析了稻田施用沸石对EC及AWD处理下土水势日变化的影响，结果如图3-5所示。由图3-5可知，自6:00至18:00，各处理土水势均呈单峰曲线变化趋势。分蘖末期，AWD或EC处理土水势自6:00起逐渐增加，到16:00达到峰值，之后下降（图3-5a，b）；而乳熟期，各处理土水势从6:00起逐渐增大，至14:00达到最大值，之后逐渐下降（图3-5c，d），田间土壤水势变化易受气温的影响，这或许是由于生育后期与生育前期相比气温提前开始下降，导致乳熟期土水势提前达到峰值。

由图3-5a与c可知，AWD处理分蘖末期与乳熟期最大土水势值接近-15kPa，而EC处理分蘖末期最大土水势值处于-35～-25kPa范围（图3-5b），乳熟期最大土水势值处于-20～-10kPa范围（图3-5d），说明各处理均能较好地代表分蘖末期与乳熟期水分胁迫情况。无论是分蘖末期还是乳熟期，EC（图3-5b，d）或AWD处理（图3-5a，c）下沸石均显著降低了土水势值，且沸石对土水势的降低幅度随土水势值的增长而增加，说明与无沸石处理（Z0）相比，沸石处理（Z15）有效缓解了土水势增长，提高了土壤水分保留能力，且沸石对土壤的保水效应随土壤缺水程度增加而提高。这也与前文3.2.5.1中所得结论一致，即沸石在节水灌溉（水分胁迫）条件下保水效应更为明显。

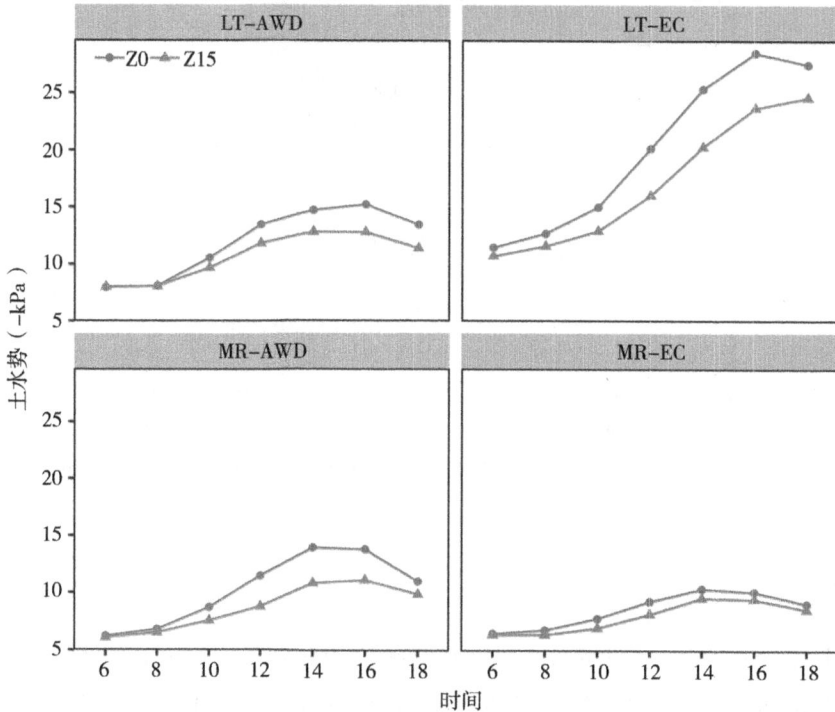

注：LT和MR分别代表分蘖末期和乳熟期

图3-5　分蘖末期与乳熟期沸石对EC和AWD处理下土水势日变化的影响

### 3.2.6　耗水量及水分利用效率

#### 3.2.6.1　水稻各生育期腾发量

不同灌溉模式与沸石量对水稻不同生育期腾发量影响如表3-2所示。由方差分析结果可知，区组（B）、沸石量（Z）主效应及灌溉模式与沸石量交互效应（I×Z）对各生育期腾发量均无显著影响。灌溉模式（I）主效应显著影响分蘖期、拔节孕穗期及乳熟期腾发量。I、Z主效应及I×Z交互效应均对抽穗开花期腾发量无显著影响。

从灌溉模式主效应来看，分蘖期，与CF处理相比，AWD及EC处理腾发量分别减少了32.8%和46.3%，即CF处理腾发量最高，AWD处理次之，EC处理最低；且EC处理较之AWD处理腾发量减少了20.1%，主要是由于分蘖末期EC处理控水阈值（-35～-25kPa）相对AWD处理（-15kPa）较高，且EC处理相对较高的水分胁迫抑制了大量无效分蘖，降低了植株蒸腾作用对水分的消耗。拔节孕穗期，EC处理腾发量最高，CF处理次之，AWD处理最低。EC较之CF处理有所提高，但并不显著，AWD处理较之CF处理降低了25.7%。EC处理腾发量之所有较高，可能由于分蘖末期结束后，稻田干旱程度较高，复水时土壤需较高水量以达到饱和，蒸发量相对较高，尽管EC处理分蘖末期减少了地上部生物量，降低了植株拔节孕穗期蒸腾耗水，总的来说腾发量仍较高。抽穗开花期，EC与AWD处理腾发量较之CF处理均稍有提高，但均未达到显著性水平。三者之间无显著差异，可能是由于CF处理前期营养生长过盛，养分消耗较多，导致后期养分供应不足，地上部生物量有所较低，致使CF与EC及AWD处理腾发量基本一致。乳熟期，腾发量大小顺序为CF（150.9mm）＞AWD（114.8mm）＞EC（88.7mm）。EC处理腾发量较低主要由于乳熟期土水势阈值相对较高（-20～-10kPa），蒸发量较少。AWD处理腾发量的减少一方面是控水效应对土面蒸发量的减少，另一方面是减少的地上部生物量对腾发量的降低。

从沸石量主效应来看，分蘖期、拔节孕穗期及乳熟期Z15与Z0处理间腾发量均无差异；而抽穗开花期Z15处理较之Z0处理腾发量有所降低，但并未达显著性水平（$P < 0.05$）。因此，总的来看，沸石量因子对水稻腾发量的影响较低。

### 3.2.6.2 水稻总耗水量及水分利用效率

灌溉模式（I）主效应及灌溉模式与沸石量（I×Z）交互效应显著影响水稻总耗水量（表3-2）。与CF处理相比，EC与AWD处理下水稻总耗水量分别减少了14.8%和25.4%。AWD处理较之EC处理总耗水量降低了12.5%。从沸石量主效应看，Z15处理总耗水量稍低于Z0处理，但差异未达到显著性水平（表3-2）。由沸石量与灌溉模式交互效应（图3-6a）可知，CF与EC处理下总耗水量随着沸石量的增加而降低，而AWD处理却随沸石量增加稍有提高，EC处理下沸石显著降低了水稻总耗水量。ICFZ0处理总耗水量最高（$9.64 \times 10^3 m^3/hm^2$），IECZ0处理耗水量最低（$6.74 \times 10^3 m^3/hm^2$）。

I、Z主效应及I×Z交互效应显著影响水分利用效率（表3-2）。与CF处理相比，EC和AWD处理下水分利用效率分别提高了16.1%和13.6%。EC处理产量与CF处理相当，而耗水量显著降低，因而水分利用率显著提高。尽管AWD处理产量显著降低了，其节水幅度高于产量降低，因而水分利用效率仍表现为增加。AWD与EC处理间水分利用效率无显著差异。与无沸石处理相比，沸石处理下水分利用效率提高了8.9%，尽管沸石量主效应对耗水量影响不显著，却显著提高产量，因而对水分利用效率表现出显著正效应。从交互效应角度（图3-6b）看，CF或EC

表3-2　不同灌溉模式和沸石量对水稻各生育期腾发量、总耗水量及水分利用效率的影响

| 主效应 | 分蘖期（mm） | 拔节孕穗期（mm） | 抽穗开花期（mm） | 乳熟期（mm） | 总耗水量（$10^3 m^3/hm^2$） | 水分利用效率（$kg/m^3$） |
|---|---|---|---|---|---|---|
| CF | 139.5a | 241.4a | 130.2a | 150.9a | 9.37a | 1.18b |
| EC | 74.9c | 257.1a | 144.1a | 88.7c | 7.99b | 1.37a |
| AWD | 93.8b | 179.4b | 144.4a | 114.8b | 6.99c | 1.34a |
| Z0 | 103.5a | 225.0a | 146.2a | 117.2a | 8.22a | 1.24b |
| Z15 | 102.0a | 226.9a | 132.9a | 119.1a | 8.01a | 1.35a |
| B | $3.43^{ns}$ | $2.03^{ns}$ | $1.78^{ns}$ | $2.06^{ns}$ | $2.21^{ns}$ | $1.84^{ns}$ |
| I | $108.58^{**}$ | $37.44^{**}$ | $1.53^{ns}$ | $350.91^{**}$ | $128.40^{**}$ | $23.47^{**}$ |
| Z | $0.20^{ns}$ | $0.04^{ns}$ | $2.28^{ns}$ | $.70^{ns}$ | $1.73^{ns}$ | $20.17^{*}$ |
| I×Z | $0.61^{ns}$ | $0.03^{ns}$ | $0.56^{ns}$ | $0.64^{ns}$ | $5.09^{*}$ | $8.72^{**}$ |

注：同一因素内，均值后带不同的字母表示在$P < 0.05$水平上具有显著差异。B、I和Z分别表示区组、灌溉模式和沸石量因子。CF、EC和AWD分别表示持续淹灌、能量调控灌溉和干湿交替灌溉；Z0和Z15分别表示沸石量0和15t/$hm^2$。*和**分别表示在0.01和0.05水平上显著。ns表示不显著。

处理下沸石显著提高水分利用效率；而AWD处理下沸石稍降低水分利用效率，但差异不显著。IECZ15处理水分利用效率最高，ICFZ0处理水分利用效率最低（图3-6b），表明能量调控灌溉结合沸石处理不仅能显著降低水稻耗水量，还可获得最高水分利用效率。

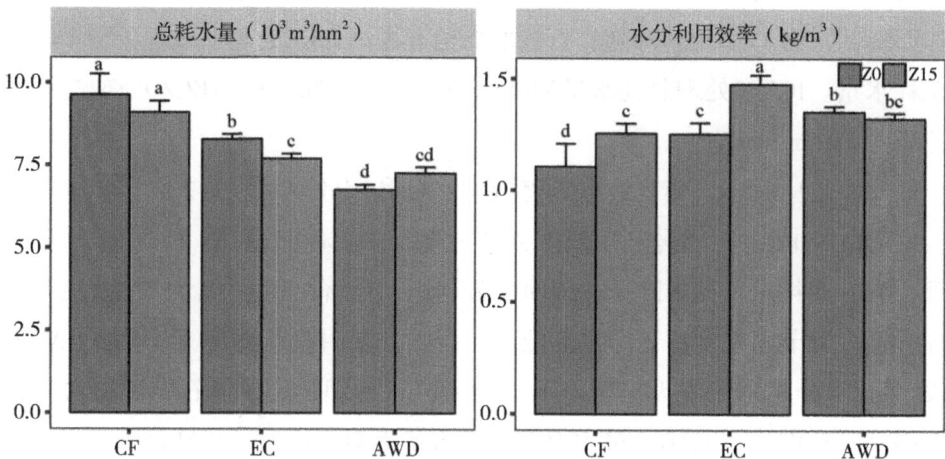

图3-6　不同灌溉模式与沸石量交互效应对水稻总耗水量与水分利用效率的影响

### 3.2.7　总耗水量与产量之间的关系

不同沸石处理下水稻总耗水量与产量之间的关系如图3-7所示。Z0或Z15处理下水稻产量与总耗水量均呈二次曲线关系，即在一定范围内水稻产量随耗水量增加而提高，当耗水量超过一定水平时，产量逐渐趋于稳定并呈降低趋势。Z0处理下产量与总耗水量间关系为：$y = -3.42 + 0.0029x - 1.49 \times 10^{-7}x^2$（$r = 0.773$，$P < 0.01$），对方程求一阶导数并令导数为0，求得$x$为$9.731 \times 10^3$，将其代入原方程求得$y$为10.691，即当总耗水量为$9.731 \times 10^3$ m³/hm²时，最高产量为10.691t/hm²；Z15处理下产量与总耗水量关系为：$y = -36.4 + 0.011x - 6.26 \times 10^{-7}x^2$（$r = 0.686$，$P < 0.01$），同理求得，当总耗水量为$8.785 \times 10^3$ m³/hm²时，最高产量为11.923t/hm²。这表明与无沸石处理相比，沸石处理在节约灌溉水量的同时亦能提高水稻产量。因此，在水资源紧缺地区，将沸石应用于节水稻田中不仅能有效缓解水资源短缺问题，还能实现水稻高产。

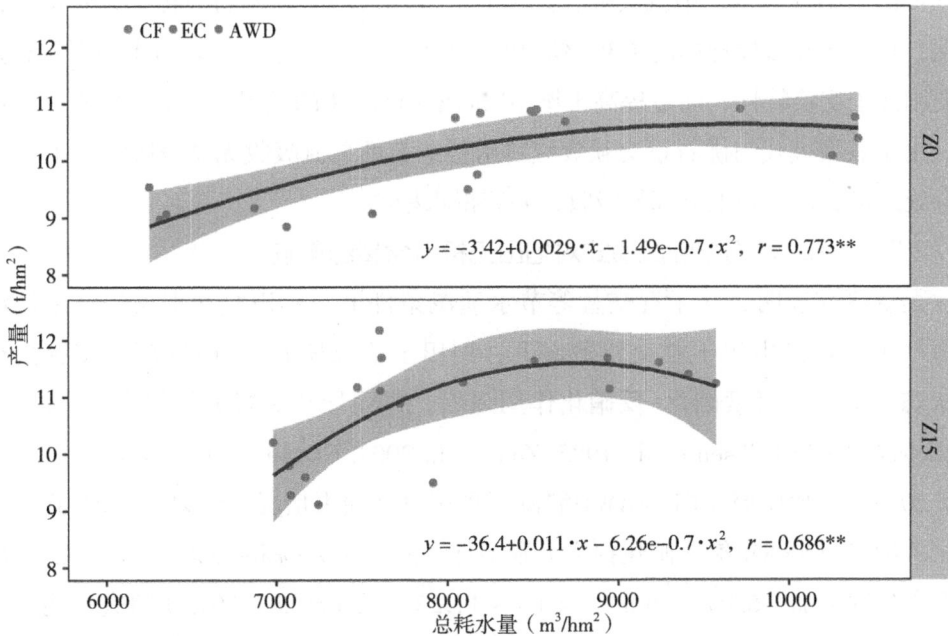

图3-7　不同沸石处理下水稻总耗水量与产量之间的关系

## 3.3　讨论

### 3.3.1　斜发沸石对水稻氮素吸收的影响

氮肥作为世界上使用最为广泛的肥料，在作物生长方面起着决定性作用。加大农田氮肥投入量是提高作物产量的一种主要方式。农民往往施用过量的氮肥以获取作物高产，大量施用氮肥不仅会降低氮肥利用率，还会造成严重的环境污染问题，如水体富营养化、地下水污染、温室气体排放等（Peng et al., 2010; Spiertz, 2010）。沸石作为土壤改良剂，可以减少土壤氮素淋溶，提高氮肥利用率，并降低环境污染（Malekian et al., 2011）。

大量研究表明，沸石与尿素混合施用可显著增加植株对氮素的吸收。Ahmed et al.（2010b）报道称，与未添加沸石处理相比，沸石与无机肥料混合施用显著提高了玉米组织对氮素的吸收。Aghaalikhani et al.（2012）研究表明，270kg/hm²氮肥与9t/hm²沸石混合用于菜籽油种植显著提高了植株对氮素的吸收利用，主要由于沸石应用于土壤中降低了氮素硝酸淋溶损失。Gül et al.（2005）研究发现，应用沸石显著改善了植株生长并提高了植株组织中N和K含量。Kavoosi（2007）将8或16t/hm²沸石与60kg/hm²氮肥（尿素）混合用于稻田中，发现该处理较之对照组显著提高了稻穗与秸秆中氮素吸收。本研究发现，15t/hm²沸石与传统氮肥量混合施用，较之无沸石处理提高了35.5%的地上部总氮吸收，这主要是由于沸石具有独特的阳离子交换特性，通过提高土壤CEC而增加对$NH_4^+$的吸附，并减少氮素淋溶损失。由于灌溉模式与沸石量交互效应对水稻地上部总氮吸收无显著影响，IECZ15组合处理可获得较高地上部氮吸收，并获得水稻高产。

### 3.3.2　斜发沸石与灌溉模式对稻田无机氮含量的影响

大量研究表明，在干湿交替等节水灌溉条件下，稻田氮素损失较持续淹灌更为严重，这是由于干湿交替条件下，稻田土壤长期处于淹水-落干交替循环的状态，加重了氮素硝化-反硝化作用强度，进而导致氮素大量损失（Sah and Mikkelsen, 1983; Eriksen et al., 1985; Zou et al., 2007; Norton et al., 2017b）。Tan et al.（2015）对比研究了CF与AWD灌溉下稻田氮素损失情况，结果表明AWD与CF相比，2007与2008年氮素硝化损失分别增加了6.3%～9.4%和4.5%～7.6%，而反硝化损失分别增加了6.7%～19.8%和4.1%～11.2%。Tan et al.（2013）研究表明，与CF处理相比，AWD处理下渗漏液中$NO_3^-$-N浓度增加了64%，且整个水稻生长季$NO_3^-$-N淋溶损失量增加了29.4%。本研究表明，与CF处理相比，AWD及EC处理均提高了水稻生长期间渗漏液中$NO_3^-$-N浓度，并降低了$NH_4^+$-N浓度，且AWD处理对$NO_3^-$-N浓度提升幅度更大。此外，黄熟期0～30cm与30～60cm土层中，AWD及EC处理下$NH_4^+$-N含量均低于CF处理，这也表明干湿交替灌溉通过加强硝化作用，促进了

$NH_4^+$-N向$NO_3^-$-N的转化，从而降低了土壤中$NH_4^+$-N含量，并加大了$NO_3^-$-N向深层土壤的淋溶。沸石添加到稻田中，显著降低了渗漏液中$NH_4^+$-N与$NO_3^-$-N浓度，且沸石提高了土壤中$NH_4^+$-N含量（尤其是0～30cm土层），这主要归因于沸石较强的CEC和对$NH_4^+$的强吸附性，增强了表层土壤对$NH_4^+$-N的保留。沸石处理下30～60cm土层中$NO_3^-$-N含量较无沸石处理显著降低，也说明沸石减少了$NO_3^-$-N向深层土壤的迁移。而且EC或AWD处理下，沸石对表层土中$NH_4^+$-N含量的提升幅度更大，表明沸石应用于干湿交替灌溉等节水技术中，可减少节水稻田氮素损失量，并有效缓解地下水$NO_3^-$污染等环境问题。

### 3.3.3 斜发沸石与灌溉模式对水稻水分利用的影响

沸石由于具有多孔隙晶体结构，可持有高达自重60%的水分（Polat et al., 2004）。沸石通过增强土壤持水性能及水分对植株的有效性，以节约灌溉水量（He and Huang, 2001）。土壤水分有效性是影响作物生长与产量最重要的因素之一。Al-Busaidi et al.（2008）发现，与对照组相比，应用5kg/$m^2$沸石到砂土中提高了2.5%～4.8%的土壤含水量。Abdi et al.（2006）表明沸石用量3g/kg较之对照组显著提高水分利用效率。Sepaskhah and Barzegar（2010）报道8t/$hm^2$沸石与80kg/$m^2$混施于稻田中，显著降低水稻耗水量并提高水分利用率。本研究中，沸石量15 t/$hm^2$对水稻耗水量影响并不显著，可能是由于本试验在有底测坑中进行，而Sepaskhah and Barzegar（2010）试验在大田条件下进行，土壤水分渗漏存在较大差异，导致结果不同。尽管沸石的节水效应并不显著，但与无沸石处理相比，沸石处理水分利用效率提高了8.9%，主要由于其显著提高了水稻产量。

目前，提高作物水分利用效率并确保水资源可持续利用刻不容缓。许多亚洲国家如中国（Yao et al., 2012）、印度（Mahajan et al., 2012）、菲律宾（Belder et al., 2005）等，开展了大量有关AWD与CF的对比试验，结果表明AWD确实具有较大的节水潜力。Yao et al.（2012）研究表明，AWD处理在2009与2010年分别节约了24%和38%的灌溉水量。Belder et al.（2004）发现AWD与CF相比减少了15%～30%的灌溉水量。本研究得出了类似结果，与CF处理相比，EC与AWD处理分别减少了14.8%与25.4%的耗水量。尽管AWD存在较大的节水潜力并提高了水分利用率，其显著降低了水稻产量。而EC处理不仅节约了灌溉水量，还维持了与CF相当的产量，并获取了较高的水分利用效率。沸石与灌溉模式对水分利用率具有显著交互作用。CF或EC处理下，沸石处理（Z15）水分利用效率显著高于无沸石处理（Z0）；而AWD处理下，Z15与Z0间水分利用效率无显著差异（图3-3b）。IECZ15处理水分利用效率最高，ICFZ0处理水分利用率最低。因此，与传统水分管理模式（ICFZ0）相比，IECZ15处理可作为一种高效水分管理模式以提高水稻水分利用效率。

## 3.4 小结

本章研究了不同灌溉模式下斜发沸石对植株氮素吸收、稻田渗漏液无机氮动态、土壤CEC、土壤无机氮及全氮含量、土壤持水性能及水分利用的影响，主要结论如下：

（1）抽穗开花与乳熟期，沸石提高了水稻地上部氮吸收量；AWD处理地上部氮吸收低于CF处理，而EC与CF处理地上部氮吸收差异不大。黄熟期，斜发沸石处理地上部氮吸收提高了35.5%，而灌溉模式间地上部氮吸收无显著差异。

（2）水稻生长期间，斜发沸石降低了渗漏液中$NH_4^+$-N浓度，6月24日与7月17日（峰值处），斜发沸石处理渗漏液中$NH_4^+$-N浓度较无沸石处理分别降低了24.5%和58.7%；与CF处理相比，EC与AWD处理均降低了渗漏液中$NH_4^+$-N浓度，5月31日、6月24日及8月26日（峰值处），EC与AWD处理$NH_4^+$-N浓度分别降低了30.7%和22.3%、40.0%和41.6%及18.0%和23.0%。斜发沸石降低了渗漏液中$NO_3^-$-N浓度，平均来看，较无沸石处理降低了14.7%；与CF处理相比，AWD处理增加了渗漏液中$NO_3^-$-N浓度，5月31日、7月1日及8月12日（峰值处）分别增加了21.4%、21.2%和19.6%，而EC处理增加不明显。

（3）斜发沸石显著提高了土壤阳离子交换量和全氮量，较无沸石处理土壤阳离子交换量和全氮含量分别提高了9.8%和12.7%。

（4）斜发沸石提高了不同土层中$NH_4^+$-N含量，且对表层土壤提升幅度更大，斜发沸石对EC或AWD处理下$NH_4^+$-N含量的提升幅度也更大；EC与AWD处理下不同土层$NH_4^+$-N含量均低于CF处理。斜发沸石提高了表层土中$NO_3^-$-N含量，降低了深层土中$NO_3^-$-N含量，阻止了$NO_3^-$-N向深层土壤的迁移。EC或AWD处理较CF处理不同土层$NO_3^-$-N含量均提高了。

（5）从分蘖末期与乳熟期稻田土水势日变化来看，斜发沸石降低了不同时刻土水势值，且降低幅度随土水势增长而增大，即斜发沸石对土壤的保水效应随土壤缺水程度增加而提高。室内试验表明，相同土水势条件下，土壤体积含水率随沸石量的增加而提高，且不同沸石量间差异随土水势增加而递增。–5、–10、–15、–20、–25及–35kPa下，斜发沸石量15t/hm²较无沸石处理体积含水率分别提高了2.9%、5.4%、7.8%、10.1%、12.1%和15.5%。斜发沸石处理下水分利用效率提高了9.2%。与CF处理相比，EC和AWD处理下水稻耗水量分别降低了14.8%和25.4%，水分利用效率分别提高了15.5%和13.3%。

（6）不同斜发沸石处理下，水稻产量与总耗水量均呈二次曲线关系。通过分析二次曲线发现，无斜发沸石处理在耗水量为$9.731 \times 10^3$ m³/hm²时，获得最高产量为10.691t/hm²；而斜发沸石处理在耗水量为$8.785 \times 10^3$ m³/hm²时，获得最高产量为11.923t/hm²。

# 4 能量调控灌溉下斜发沸石对稻田土壤有效磷及植株磷素利用的影响

磷是作物生长所必需的主要营养元素之一，在水稻生长过程中具有重要作用。由于磷具有高固定性、低溶解性和难移动性等特点，其在土壤中的有效性往往是有限的（Shokouhi et al., 2015）。为了满足水稻对磷素的需求，农民往往加大稻田磷肥投入量，部分地区施磷量甚至高达120kg/hm²（Wang et al., 2012）。这不仅会降低磷肥利用效率，还会导致大量的磷素径流入地表水中，引起水体富营养化等环境问题。植株对磷素的吸收很大程度上受制于土壤水分状况。随着土壤水分的增加，土壤中磷素溶解性提高且植株根系生长得到改善，从而提高植株对磷素的吸收（Misra, 2003）。相反，水分胁迫会降低土壤中磷对植株的有效性（Tuong and Bouman, 2003）。大量研究表明，干湿交替灌溉显著降低了土壤有效磷含量，并减少了水稻植株对磷素的吸收（吕国安等, 2000; 庞桂斌等, 2009; Kato et al., 2016）。已有研究表明，沸石与磷矿粉或可溶性磷肥混合施入土壤，均能显著提高土壤有效磷含量（Pickering et al., 2002; Lancellotti et al., 2014; Lija et al., 2014; Shokouhi et al., 2015）。因此，本试验将斜发沸石应用于节水稻田中，研究不同灌溉模式与磷肥量管理下斜发沸石对土壤有效磷、植株磷素积累、产量及水分利用的影响，以明确斜发沸石在稻田磷素管理方面的正效应，以期为节水稻田磷肥高效利用提供理论依据。

## 4.1 材料与方法

### 4.1.1 试验区概况

试验于2016—2017年（5—10月）在辽宁省灌溉中心试验站（位于辽宁省沈阳市沈北新区黄家乡，东经120° 30′ 45″，北纬42° 8′ 57″，海拔47m）进行。该地区具有温带大陆性季风气候。年平均气温为7.5℃，年均降水量为672.9mm，降雨主要集中在6—9月。供试土壤性质同2.2.1。2016与2017年试验期间，试验区气温及降雨量变化如图4-1所示。

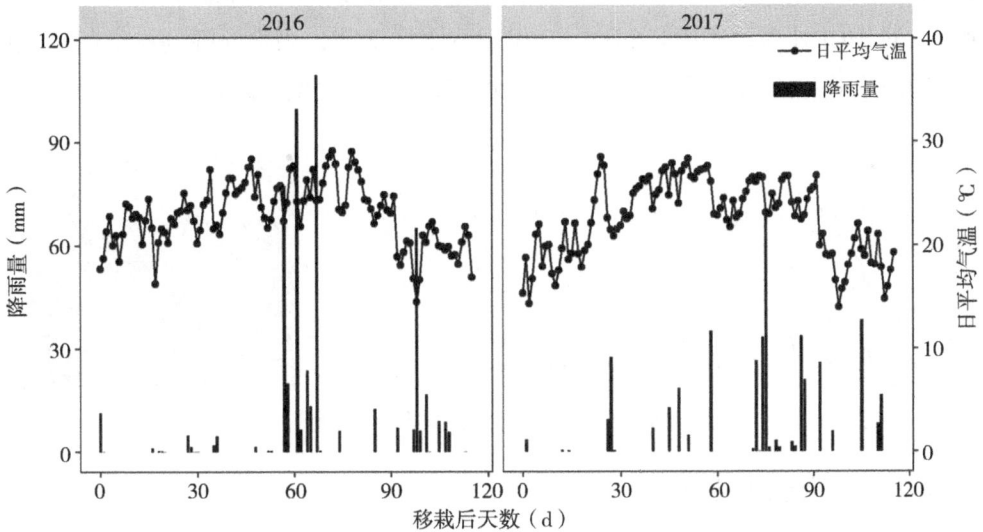

图4-1 2016—2017年水稻生长季试验区日降水量及平均气温变化

### 4.1.2 试验材料

同2.1.2。

### 4.1.3 试验设计

本试验采用裂-裂区试验设计，主区为灌溉模式，2水平：持续淹灌（CF）和能量调控灌溉（EC）；子区为磷肥量，2水平：0和60kg/hm²（分别用P0和P60表示）；子子区为沸石量，2水平：0和15t/hm²（分别用Z0和Z15表示），设置3次重复，共24个小区。沸石处理小区仅在第一年添加沸石，第二年不添加，除此之外，其他试验布置2年完全一样。该试验在地埋双套筒式蒸渗仪（测筒）中进行，内筒直径为0.618m，深80cm；外筒直径为0.698m，深90cm。测筒区设有双臂吊秤，用于称量筒重，且内筒边缘设有吊环，以便称重时将内筒吊起。测筒区上方设有遮雨棚，可人工开闭，用于控制降雨量对试验的影响。试验设计及布置如图4-2所示。试验分别于2016年5月26日插秧，9月20日黄熟期结束；2017年5月24日插秧，9月16日黄熟期结束。每筒移栽6穴水稻，每穴插4株基本苗。氮肥分3次施入，基肥、分蘖肥及穗肥分别占总施氮量的43%、43%和14%；过磷酸钙随基肥一次性施入；硫酸钾分2次施入，基肥与分蘖肥分别占25%和75%。斜发沸石随基肥一次性施入土壤，并与表层土壤充分混合。对于EC处理，将水银负压计安装在测筒中心，以监测距土表以下15cm深度处的土壤水势变化，每日7:00、11:00、15:00分别记录负压计读数，当读数达到设定的土水势阈值时，即灌水至相应的水层深度。对于CF处理，则每日8:00用直尺观测水层深度，当水深降到设定的最低值时，即灌水到相应的水层深度。灌溉模式具体管理方式见表2-1。

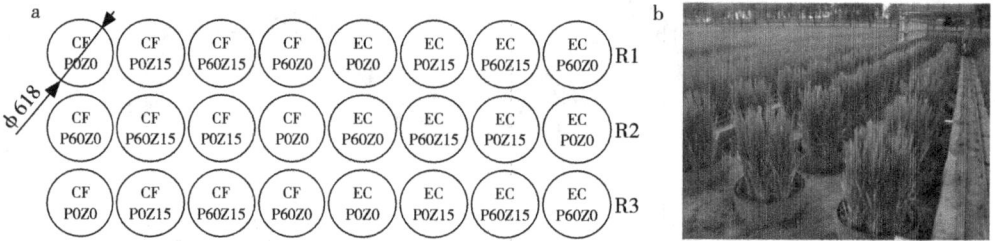

图4-2 裂-裂区试验设计与布置图

## 4.1.4 测定项目及方法

### 4.1.4.1 土壤有效磷含量

水稻收获后，采集0~30cm深度土样，每筒选取3个不同位置取样，之后将土样充分混合。土样自然风干后过2mm筛，称取2.5g土样，并用0.5M NaHCO₃溶液进行浸提后过滤，之后采用钼酸铵法测定滤液中的有效磷含量（Murphy and Riley，1962）。

### 4.1.4.2 土壤$NH_4^+$-N及$NO_3^-$-N含量的测定

分别采集0~30cm和30~60cm深度土样，各处理选取3个不同的位置取样，土样$NH_4^+$-N与$NO_3^-$-N含量的测定方法同3.1.3.6。

### 4.1.4.3 植株磷素含量

植株茎、叶、穗烘干后，用植物样粉碎机将其磨碎并过0.15mm筛，之后称取约0.2000g样品用于全磷含量测定。样品经湿法消解后，采用钼蓝比色法测定其磷素浓度（Yoshida et al.，1976）。由植株各器官干重及磷素浓度计算各器官磷素积累量及地上部总磷积累量。

### 4.1.4.4 地上部干物质

黄熟期结束后，每筒随机选取2穴植株，齐土面剪下，之后将采集的植株样品分解为茎、叶、穗三部分，并分装入不同的牛皮纸袋中，于105℃烘箱中杀青

30min后，降至80℃烘干至恒重。待样品冷却至室温后，用电子天平称取样品干重。筒中剩余部分植株用于水稻实际产量的测定。

#### 4.1.4.5 产量及产量构成

干物质取样后，收获筒内剩余的4穴水稻，用于测定实际产量。水稻晾晒约1周后，将稻穗收获，并人工测定各处理产量构成：有效穗数、每穗粒数、结实率及千粒重。称取各处理稻谷重，并通过实测的稻谷含水率，换算得到14%含水率下的稻谷重，从而计算各处理实际产量。

#### 4.1.4.6 腾发量及水分利用效率

自水稻移栽后起，每隔10d称量1次测筒重，直至收获。水稻不同阶段腾发量计算公式如下：

$$E_T = (G_1 + I - G_2) \times 10^3 / (\rho_0 \times A) \tag{4-1}$$

式中：$E_T$为腾发量，mm；$G_1$为不同阶段初始筒重，kg；$G_2$为不同阶段末筒重，kg；$I$为称量期间测筒灌水量，kg；$\rho_0$为水的密度，kg/m³；为测筒横截面积，m²。全生育期腾发量为各阶段腾发量之和。水分利用效率计算公式如下：

$$WUE = (100 \times Y) / TE \tag{4-2}$$

式中：$WUE$为水分利用效率，kg/m³；$Y$为水稻产量，t/hm²；$TE$为水稻全生育期腾发量，mm。

#### 4.1.5 统计分析

采用SAS 9.4软件对数据进行裂-裂-裂区方差分析，分别将年、灌溉模式、磷肥量及沸石量作为主区、子区、子子区和子子子区。各指标均由3次重复计算均值。在5%显著性水平下，采用Tukey's HSD检测对主因子及交互因子不同水平间均值进行多重比较。应用R studio（ver. 1.1.442）中的Agricolae软件包对水稻产量与地上部磷积累量进行回归分析，并利用Factoextra软件包对不同指标进行主成分分析，以明确各指标与处理间关系。

## 4.2 结果与分析

### 4.2.1 土壤有效磷

由表4-1方差分析结果可知，年（Y）、灌溉模式（I）、磷肥量（P）及沸石量（Z）主效应均显著影响土壤有效磷含量（SAP）。不同处理间二重交互效应均对土壤有效磷含量无显著影响。Y×I×P与Y×P×Z三重交互效应显著影响土壤有效磷含量。

从灌溉模式主效应看，EC处理较CF处理，土壤有效磷含量2016与2017年分别降低了9.0%和7.9%（表4-2），表明水分胁迫降低了土壤有效磷含量，主要归因于土壤中磷素有效性很大程度上受水分有效性的影响。与无磷肥处理（P0）相比，2016与2017年磷肥处理（P60）土壤有效磷含量分别提高了14.1%和14.2%。从灌溉模式与磷肥处理平均值来看，2016与2017年沸石处理（Z15）较无沸石处理（Z0）土壤有效磷含量分别提高了14.1%和17.5%，表明沸石施入稻田中能显著提高土壤中磷素有效性。

表4-1　年、灌溉模式、磷肥量与沸石量主效应及其交互效应对水稻各指标影响的方差分析

| 变异源 | 土壤有效磷 SAP | 茎磷浓度 SPC | 叶磷浓度 LPC | 穗磷浓度 PPC | 地上部磷吸收 APU | 地上部干重 ADW | 产量 GY | 总腾发量 TE | 水分利用率 WUE |
|---|---|---|---|---|---|---|---|---|---|
| Y | $103.80^{**}$ | $175.13^{**}$ | $53.42^{*}$ | $1442.22^{**}$ | $490.29^{**}$ | $10.13^{ns}$ | $36.55^{*}$ | $679.22^{**}$ | $26.81^{*}$ |
| I | $16.88^{*}$ | $670.06^{**}$ | $403.75^{**}$ | $62.20^{**}$ | $244.68^{**}$ | $50.11^{**}$ | $5.70^{ns}$ | $414.29^{**}$ | $129.53^{**}$ |
| $Y \times I$ | $0.00^{ns}$ | $1.68^{ns}$ | $4.10^{ns}$ | $45.83^{**}$ | $74.67^{**}$ | $41.20^{**}$ | $11.95^{*}$ | $53.29^{**}$ | $17.37^{*}$ |
| P | $26.35^{**}$ | $34.99^{**}$ | $18.43^{**}$ | $7.35^{*}$ | $10.66^{*}$ | $4.76^{ns}$ | $1014.02^{**}$ | $0.62^{ns}$ | $35.75^{**}$ |
| $Y \times P$ | $0.13^{ns}$ | $0.29^{ns}$ | $23.25^{**}$ | $6.36^{*}$ | $4.68^{ns}$ | $1.27^{ns}$ | $7.06^{*}$ | $1.65^{ns}$ | $0.00^{ns}$ |
| $I \times P$ | $0.57^{ns}$ | $11.47^{**}$ | $22.33^{**}$ | $1.60^{ns}$ | $4.86^{ns}$ | $3.64^{ns}$ | $0.21^{ns}$ | $0.23^{ns}$ | $0.01^{ns}$ |
| $Y \times I \times P$ | $0.52^{*}$ | $4.66^{ns}$ | $7.44^{*}$ | $2.78^{ns}$ | $1.74^{ns}$ | $0.24^{ns}$ | $4.76^{ns}$ | $1.09^{ns}$ | $0.12^{ns}$ |
| Z | $54.40^{**}$ | $48.51^{**}$ | $153.14^{**}$ | $7.38^{*}$ | $26.41^{**}$ | $62.63^{**}$ | $368.68^{**}$ | $2.07^{ns}$ | $107.69^{**}$ |
| $Y \times Z$ | $1.44^{ns}$ | $14.47^{**}$ | $7.49^{*}$ | $1.40^{ns}$ | $4.85^{*}$ | $5.81^{*}$ | $10.30^{**}$ | $1.42^{ns}$ | $11.94^{**}$ |
| $I \times Z$ | $0.40^{ns}$ | $0.91^{ns}$ | $5.97^{*}$ | $0.16^{ns}$ | $3.30^{ns}$ | $9.42^{**}$ | $0.09^{ns}$ | $0.21^{ns}$ | $0.08^{ns}$ |
| $P \times Z$ | $0.01^{ns}$ | $0.23^{ns}$ | $1.00^{ns}$ | $0.02^{ns}$ | $0.07^{ns}$ | $0.02^{ns}$ | $0.00^{ns}$ | $1.87^{ns}$ | $1.53^{ns}$ |
| $Y \times I \times Z$ | $0.25^{ns}$ | $0.63^{ns}$ | $3.87^{ns}$ | $0.03^{ns}$ | $0.27^{ns}$ | $0.04^{ns}$ | $2.05^{ns}$ | $1.59^{ns}$ | $0.02^{ns}$ |
| $Y \times P \times Z$ | $5.01^{*}$ | $0.88^{ns}$ | $1.56^{ns}$ | $0.00^{ns}$ | $1.02^{ns}$ | $3.68^{ns}$ | $1.86^{ns}$ | $1.55^{ns}$ | $0.07^{ns}$ |
| $I \times P \times Z$ | $0.62^{ns}$ | $0.17^{ns}$ | $1.55^{ns}$ | $0.08^{ns}$ | $0.51^{ns}$ | $6.97^{*}$ | $4.76^{ns}$ | $0.46^{ns}$ | $0.33^{ns}$ |
| $Y \times I \times P \times Z$ | $0.43^{ns}$ | $0.00^{ns}$ | $5.21^{*}$ | $0.45^{ns}$ | $0.14^{ns}$ | $0.11^{ns}$ | $6.22^{*}$ | $6.06^{*}$ | $11.65^{**}$ |

注：Y、I、P、Z分别表示年、灌溉模式、磷肥量及沸石量因子；*、**、ns分别表示显著、极显著和不显著。

### 4.2.2　水稻各器官磷浓度

年、灌溉模式、磷肥量及沸石量对水稻植株磷素吸收影响的方差分析结果如表4-1所示。年（Y）、灌溉模式（I）、磷肥量（P）、沸石量（Z）主效应均显

著影响植株茎（SPC）、叶（LPC）及穗（PPC）部磷浓度。二重交互效应显著性结果如下：Y×I显著影响PPC；Y×P显著影响LPC与PPC；I×P显著影响SPC与LPC；Y×Z显著影响SPC与LPC；I×Z显著影响LPC。Y×I×P及Y×I×P×Z交互效应均显著影响LPC。

不同灌溉模式、磷肥量及沸石量处理间磷浓度均值比较结果如表4-2所示。总的来说，2017年茎部磷浓度高于2016年。从磷肥与沸石量处理平均值来看，与CF处理相比，EC处理茎部磷浓度2016与2017年分别降低了32.0%和32.5%，表明水分胁迫降低了水稻茎部磷浓度。从磷肥量主效应看，2016与2017年茎部磷浓度均随施磷量增加而提高。从灌溉模式与磷肥处理平均值来看，与无沸石处理相比，

表4-2　不同年份不同灌溉模式、磷肥量及沸石量对土壤有效磷、
　　　　水稻茎、叶、穗部磷浓度及地上部磷吸收的影响

| 年 | 灌溉模式 | 磷肥量 | 沸石量 | 土壤有效磷 SAP (mg/kg) | 茎磷浓度 SPC (g/kg) | 叶磷浓度 LPC (g/kg) | 穗磷浓度 PPC (g/kg) | 地上部磷吸收 APU (kg/hm²) |
|---|---|---|---|---|---|---|---|---|
| 2016 | CF | P0 | Z0 | 20.0cd | 0.41bcd | 0.29c | 2.93a | 27.4b |
| | | | Z15 | 21.7bc | 0.47ab | 0.37b | 3.15a | 37.0a |
| | | P60 | Z0 | 21.7bc | 0.47abc | 0.47a | 2.88a | 33.0ab |
| | | | Z15 | 25.5a | 0.55a | 0.53a | 3.15a | 37.4a |
| | EC | P0 | Z0 | 17.9d | 0.29e | 0.24c | 2.74a | 26.3b |
| | | | Z15 | 19.7cd | 0.35de | 0.36b | 3.00a | 30.6ab |
| | | P60 | Z0 | 19.6cd | 0.29e | 0.25c | 2.90a | 28.2b |
| | | | Z15 | 23.6ab | 0.37cde | 0.38b | 3.00a | 29.4b |
| 2017 | CF | P0 | Z0 | 21.4ab | 0.48c | 0.47abc | 3.94ab | 39.7b |
| | | | Z15 | 26.4a | 0.52b | 0.49ab | 4.69a | 56.3ab |
| | | P60 | Z0 | 25.4a | 0.52b | 0.45bcd | 5.13a | 53.9ab |
| | | | Z15 | 27.1a | 0.55a | 0.55a | 5.61a | 69.3a |
| | EC | P0 | Z0 | 18.7b | 0.33f | 0.33ef | 3.03b | 33.0b |
| | | | Z15 | 23.4ab | 0.35ef | 0.41dce | 3.36ab | 38.3b |
| | | P60 | Z0 | 23.1ab | 0.36de | 0.32f | 3.20ab | 32.9b |
| | | | Z15 | 27.2a | 0.36d | 0.38def | 3.78a | 44.2b |

注：同一年同一列内，均值后带不同字母表示在 $P < 0.05$ 水平上显著（Tukey's HSD检测）。CF和EC表示持续淹灌和能量调控灌溉；P0和P60表示施磷量为0和60kg/hm²；Z0和Z15表示沸石量为0和15t/hm²。

沸石处理下茎部磷浓度2016与2017年分别提高了20.3%和5.1%（表4-2）。此外，CF处理下磷肥对茎部磷浓度的提升幅度要高于EC处理，这可能是由于与水分胁迫处理相比，磷肥在土壤水分充足的条件下对植株的有效性更高。与茎部磷浓度类似，叶与穗部磷浓度2017年值也高于2016（表4-2）。EC处理较之CF处理降低了叶磷浓度。叶磷浓度也随磷肥量增加而提高。从灌溉模式与磷肥处理平均值来看，与无沸石处理相比，沸石处理下叶磷浓度2016与2017年分别提高了32.7%和16.5%。磷肥与沸石处理对叶磷浓度的提高，在CF处理下的正效应均高于EC处理（表4-2）。同样地，与对照组相比，磷肥与沸石处理均提高了穗磷浓度。与无沸石处理相比，沸石处理下穗部磷浓度2016与2017年分别提高了7.4%和14.1%。从灌溉模式主效应来看，与CF处理相比，EC处理降低了穗部磷浓度，但2016与2017年灌溉模式对穗磷浓度影响效应有所差异，2017年EC处理穗部磷浓度低于CF处理，而2016年EC与CF处理间无显著差异（表4-2）。

### 4.2.3 地上部干重

由表4-1方差分析结果可知，灌溉模式（I）与沸石量（Z）主效应显著影响地上部干重（ADW），Y×I、Y×Z及I×Z二重交互效应显著影响地上部干重，I×P×Z三重交互效应显著影响地上部干重。

Y×I交互效应对地上部干重影响显著表现为：2016年，EC处理较之CF处理地上部干重显著降低；而2017年两者之间差异并不显著（表4-3），表明EC处理在控制较好的情况下，并不会对植株地上部生物量造成影响。从沸石主效应来看，2016与2017年沸石处理（Z15）较无沸石处理（Z0）地上部干重分别提高了6.6%和12.0%。此外，从I×P×Z交互效应来看，2016与2017年ICFP60Z15处理地上部生物量均为最高，表明持续淹灌与常规施磷处理下施加斜发沸石可显著改善植株地上部生长；且ICFP0Z15处理地上部生物量显著高于ICFP0Z0处理，表明持续淹灌下，在不施磷肥的情况下，斜发沸石可通过增加土壤固有磷素有效性以促进水稻地上部生长。2016年IECP60Z15处理地上部生物量与常规管理模式（ICFP60Z0）相比降低了；而2017年IECP60Z15处理较之ICFP60Z0处理提高了，但差异未达到显著性水平（表4-3），说明能量调控灌溉下施加斜发沸石可维持水稻地上部干重。

### 4.2.4 地上部磷素积累

年、灌溉模式、磷肥量及沸石量对水稻地上部磷吸收量影响的方差分析结果如表4-1所示。年（Y）、灌溉模式（I）、磷肥量（P）、沸石量（Z）主效应均显著影响地上部磷吸收（APU）。二重交互效应Y×I与Y×Z均显著影响APU。

2017年地上部磷吸收量高于2016（表4-2）。2016与2017年，EC处理地上部磷吸收均低于CF处理。从磷肥主效应看，地上部磷吸收随磷肥量增加而增加。从灌溉模式与磷肥处理均值来看，与无沸石处理相比，沸石处理下地上部磷吸收量2016与2017年分别提高了16.9%和30.5%。ICFP60Z15处理地上部磷吸收量最高，2016与2017年较之常规管理模式（ICFP60Z0）分别提高了13.3%和28.6%（表4-2）。

### 4.2.5 水稻产量

由表4-1中产量方差分析结果可知，年（Y）、磷肥量（P）、沸石量（Z）主效应均显著影响产量（GY），灌溉模式（I）主效应对产量无显著影响，Y×I、

表4-3 不同年份不同灌溉模式、磷肥量及沸石量对水稻地上部干重、产量、总腾发量及水分利用效率的影响

| 年 | 灌溉模式 | 磷肥量 | 沸石量 | 地上部干重（t/hm²） | 产量（t/hm²） | 总腾发量（mm） | 水分利用效率（kg/m³） |
|---|---|---|---|---|---|---|---|
| 2016 | CF | P0 | Z0 | 16.4b | 9.44c | 703.0a | 1.34d |
| | | | Z15 | 19.0a | 10.40b | 703.3a | 1.48cd |
| | | P60 | Z0 | 18.3a | 10.81b | 739.7a | 1.46cd |
| | | | Z15 | 19.1a | 12.11a | 678.4ab | 1.79ab |
| | EC | P0 | Z0 | 15.5b | 8.72d | 557.1c | 1.57bc |
| | | | Z15 | 16.0b | 10.29b | 556.5c | 1.85a |
| | | P60 | Z0 | 15.9b | 10.84b | 601.6bc | 1.80a |
| | | | Z15 | 16.4b | 11.77a | 589.3c | 2.00a |
| 2017 | CF | P0 | Z0 | 16.4c | 10.16d | 788.4a | 1.29d |
| | | | Z15 | 19.4ab | 11.05c | 771.2ab | 1.43cd |
| | | P60 | Z0 | 17.4abc | 11.60b | 768.0ab | 1.51bc |
| | | | Z15 | 19.9a | 12.60a | 793.0a | 1.59b |
| | EC | P0 | Z0 | 18.1abc | 10.41d | 716.7bc | 1.45bc |
| | | | Z15 | 18.5abc | 11.07c | 732.2abc | 1.51bc |
| | | P60 | Z0 | 16.8bc | 11.64b | 728.2abc | 1.60b |
| | | | Z15 | 19.2abc | 12.49a | 698.0c | 1.79a |

注：同一年同一列内，均值后带不同字母表示在在$P < 0.05$水平上显著（Tukey's HSD检测）。CF和EC表示持续淹灌和能量调控灌溉；P0和P60表示施磷量为0和60kg/hm²；Z0和Z15表示沸石量为0和15t/hm²。

Y×P及Y×Z二重交互效应显著影响产量，I×P×Z及Y×I×P×Z交互效应显著影响产量。

总体来看，2017年产量要高于2016年（表4-3），可能是由于2016年较2017年水稻生长期间（60DAT左右）降雨量较多（图4-1），日照辐射量较低，导致产量要低一些。ICFP60Z15与IECP60Z15处理在2年中均具有最高产量，与常规管理模式（ICFP60Z0）相比，ICFP60Z15与IECP60Z15处理的产量2016年分别提高了12.0%和8.6%，2017年分别提高了8.9%和7.7%。从灌溉模式来看，EC处理与CF处理间产量无显著差异，表明EC处理在节约灌溉水量的同时仍能维持水稻产量。从磷肥量主效应看，与未施磷肥处理（P0）相比，施磷肥处理（P60）下水稻产量2016与2017年分别提高了17.2%和13.2%，表明磷肥显著提高了水稻产量。从沸石量主效应看，沸石处理（Z15）较无沸石处理（Z0），产量2016与2017年分别提高了12.0%和7.8%（表4-3），说明沸石显著提高了水稻产量，且在第二年未施沸石的情况下增产效应依然存在，也表明沸石施用于稻田中的正效应至少能维持2年。此外，2016年CF或EC处理下P60Z0处理产量稍高于P0Z15处理，但差异不显著，说明在土壤固有磷充足的情况下沸石能缓解磷亏缺对植株的影响；而2017年二者之间差异显著，可能是由于第二年沸石效应稍有降低。

### 4.2.6 地上部磷素积累与产量之间的关系

根据收获期不同处理地上部磷吸收量与产量数据，拟合出的产量随地上部磷吸收变化曲线如图4-3所示。产量与地上部磷吸收量间呈二次曲线关系（$y = 7.53 + 0.125x - 0.000851 x^2$，$r = 0.566^{**}$；图4-3a）。由相关关系可知，水稻产量随地上部磷吸收量增加而逐渐递增，直至地上部磷吸收量达到73.4kg/hm$^2$，当其超过73.4kg/hm时，产量逐渐趋于平稳，即地上部磷吸收不再是产量的限制因子。由前文不同处理地上部磷吸收结果（表4-2）可知，从2016与2017年数据来看，2017年ICFP60Z15处理地上部磷吸收量最高为69.3kg/hm，低于73.4kg/hm，表明本研究中水稻产量随地上部磷吸收量增加而增加。而地上部磷吸收量随沸石量显著提高（表4-2），也间接证明了沸石通过提高水稻地上部磷吸收而增加产量。

各处理不同水平间地上部磷吸收与产量间关系如图4-3b所示。图中不同颜色的点表示灌溉模式水平，不同形状的点表示磷肥量水平，不同大小的点表示沸石量水平。从地上部磷吸收量来看（图4-3b），持续淹灌（CF）下沸石对地上部磷吸收的增加，要高于能量调控灌溉（EC），即CF处理下P0Z0到P0Z15或P60Z0到

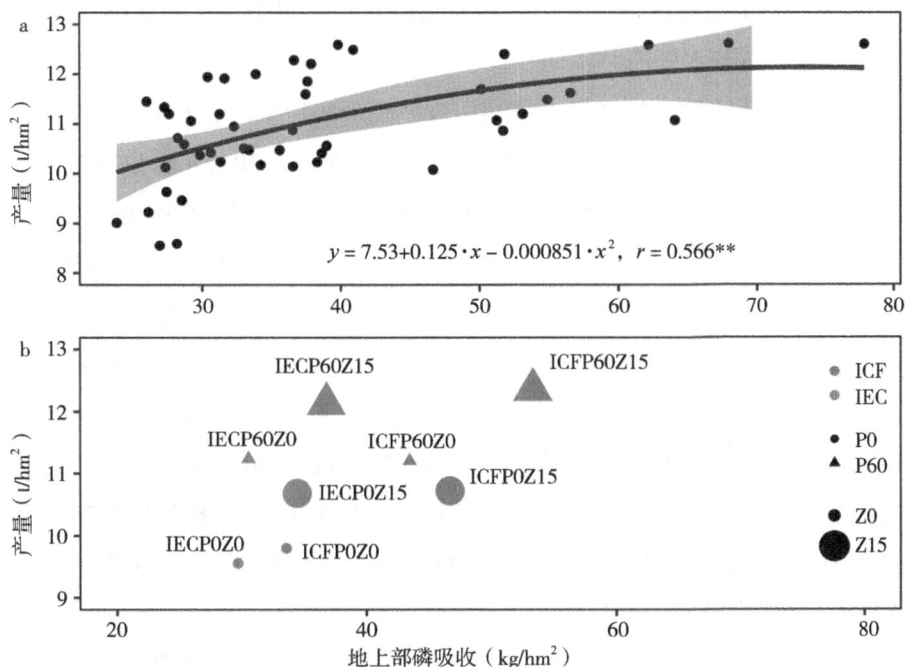

图a中曲线方程：$y = 7.53 + 0.125 \cdot x - 0.000851 \cdot x^2$，$r = 0.566**$

注：图a中阴影部分表示置信域。**表示在$P < 0.01$水平上显著相关。

图4-3 水稻产量与地上部磷素吸收之间的关系（$n=48$）

P60Z15的增幅均高于EC处理，表明持续淹灌下沸石对植株磷吸收的效应更强。此外，IECP60Z15与ICFP60Z15（常规处理）间地上部磷吸收差异小于IECP60Z0与ICFP60Z15，说明能量调控灌溉下施斜发沸石缓解了水分胁迫对磷吸收的限制。

### 4.2.7 耗水量及水分利用效率

由于本试验所采用的测筒底部是封闭的，试验期间无渗漏损失，因此，总腾发量即为水稻总耗水量。不同年、灌溉模式、磷肥量及沸石量对水稻总腾发量及水分利用效率影响的方差分析结果如表4-1所示。年（Y）与灌溉模式（I）主效应显著影响总腾发量（TE）；Y×I及Y×I×P×Z交互效应显著影响总腾发量。年（Y）、灌溉模式（I）、磷肥量（P）及沸石量（Z）主效应均显著影响水分利用效率（WUE）；Y×I、Y×Z及Y×I×P×Z显著影响水分利用效率。

2017年总腾发量高于2016年（表4-3），这与产量结果一致，即2016年产量较低，其腾发量也相对低一些。从灌溉模式看，EC处理较之CF处理总腾发量2016与2017年分别降低了18.4%和7.9%，表明能量调控灌溉（EC）显著节约了灌溉水量。磷肥与沸石处理对总腾发量影响不显著，IECP60Z15处理较IECP60Z0处理腾发量2016与2017年均有所降低，但未达显著性水平，可能由于本试验中测筒无渗漏损失，导致沸石节水效应并不明显。

从年因子主效应看，2016年水分利用效率高于2017年（表4-3）。从灌溉模式主效应看，与CF处理相比，EC处理水分利用效率2016与2017年分别提高了19.0%和9.2%，这归因于EC处理节约灌溉水量的同时获得了与CF处理相当的产量，因而水分利用效率增加了。从磷肥量主效应看，施磷肥处理（P60）较未施磷肥处理（P0）2016与2017年水分利用效率分别提高了12.9%和14.2%，说明适当地增加稻田施磷肥量可提高水分利用率，主要由于磷肥提高了水稻产量，而未显著影响耗水量。从沸石量主效应看，沸石处理（Z15）较无沸石处理（Z0）水分利用效率2016与2017年分别提高了15.2%和8.0%，尽管沸石对耗水量影响不显著，其对产量的提高也显著提高了水分利用效率。综合来看，IECP60Z15处理2016与2017年水分利用效率均为最高，较常规管理模式（ICFP60Z0）分别提高了37.0%和18.5%。

### 4.2.8　各指标间相关性分析

不同指标间相关分析结果如表4-4所示。产量（GY）与总腾发量（TE; $r = 0.32$）及表层土壤$NO_3^-$-N含量（NO3_30; $r = 0.35$）呈显著正相关，与水分利用效率

表4-4　不同指标间相关关系

| 指标 | GY | TE | WUE | SPC | LPC | PPC | ADW | APU | SAP | NH4_30 | NO3_30 |
|------|----|----|-----|-----|-----|-----|-----|-----|-----|--------|--------|
| GY | 1 | | | | | | | | | | |
| TE | 0.32* | 1 | | | | | | | | | |
| WUE | 0.45** | −0.70** | 1 | | | | | | | | |
| SPC | 0.41** | 0.63** | −0.28ns | 1 | | | | | | | |
| LPC | 0.56** | 0.60.** | −0.13ns | 0.84** | 1 | | | | | | |
| PPC | 0.47** | 0.58** | −0.19ns | 0.59** | 0.60** | 1 | | | | | |
| ADW | 0.53** | 0.58** | −0.17ns | 0.54** | 0.62** | 0.43** | 1 | | | | |
| APU | 0.55** | 0.62** | −0.18ns | 0.64** | 0.69** | 0.96** | 0.65** | 1 | | | |
| SAP | 0.78** | 0.49** | 0.13ns | 0.58** | 0.64** | 0.57** | 0.60** | 0.64** | 1 | | |
| NH4_30 | 0.53** | 0.33* | 0.07ns | 0.57** | 0.61** | 0.41** | 0.45** | 0.47** | 0.51** | 1 | |
| NO3_30 | 0.35* | −0.35* | 0.58** | −0.34* | −0.08ns | −0.21ns | 0.11ns | −0.14ns | 0.15ns | 0.07ns | 1 |

注：GY、TE、WUE、SPC、LPC、PPC、ADW、APU和SAP分别代表产量、总腾发量、水分利用效率、茎磷浓度、叶磷浓度、穗磷浓度、地上部干重、地上部磷吸收及土壤有效磷。NH4_30和NO3_30表示0～30cm土层$NH_4^+$-N与$NO_3^-$-N含量。

（WUE; $r = 0.45$）、茎磷浓度（SPC; $r = 0.41$）、叶磷浓度（LPC; $r = 0.56$）、穗磷浓度（PPC; $r = 0.47$）、地上部干重（ADW; $r = 0.53$）、地上部磷吸收（APU; $r = 0.55$）、土壤有效磷（SAP; $r = 0.78$）及表层土壤$NH_4^+$-N含量（NH4_30; $r = 0.53$）呈极显著正相关。其中，叶磷浓度、地上部干重、地上部磷吸收、土壤有效磷及表层土壤$NH_4^+$-N含量与产量具有较强的相关关系（$r > 0.50$），表明这些指标均能较好地反映水稻产量。此外，茎（$r = 0.58$）、叶（$r = 0.64$）及穗磷浓度（$r = 0.57$）均与土壤有效磷含量呈极显著正相关，表明水稻各器官磷浓度与土壤磷素有效性密切相关。地上部干重与地上部磷吸收（$r = 0.65$）、土壤有效磷（$r = 0.60$）及表层土壤$NH_4^+$-N含量（$r = 0.45$）呈极显著正相关，表明植株磷素吸收及土壤N、P等养分有效性均影响地上部干重。地上部磷吸收与土壤有效磷呈极显著正相关（$r = 0.64$），再次验证了沸石通过提高土壤有效磷含量，进而增加植株地上部磷吸收。

### 4.2.9　多指标综合分析

为了进一步阐明各指标间及灌溉模式、磷肥量、沸石量综合处理与各指标之间的关系，对本研究中13个指标和8个处理进行了主成分分析。本文依据特征值>1的主成分筛选标准（Tabachnick and Fidell, 1996），选取了分析结果中的前2个主成分（PC1与PC2）进行分析，不同指标变量荷载得分及各主成分贡献率如表4-5所示。前2个主成分共解释了13个指标中87.8%的总变异，其中，第一主成分（PC1，特征值为8.38）解释了64.5%的总变异，主要代表了产量、总腾发量、茎、叶及穗部磷浓度、地上部干重、地上部磷吸收、土壤有效磷、NH_4_30、NH_4_60及NO_3_60，表明这些指标对灌溉模式、磷肥量及沸石量变化的响应较大；第二主成分（PC2，特征值为3.03）解释了23.3%的总变异，主要代表了水分利用效率与NO_3_30，表明水分利用效率与表层土中$NO_3^-$-N含量对灌溉模式、磷肥及沸石量变化响应相对较小。从不同指标变量荷载得分系数来看，除NO_3_60外，PC1与其余指标间荷载得分系数均为负值，而PC2与其代表的指标间荷载得分系数也为负值。

前2个主成分的13个指标变量和8个处理个体的PCA双标图如图4-4所示。PC1 vs PC2双标图显示了不同指标变量间及指标变量与各处理间的关系。图中向量（蓝色箭头）表示了各指标与前两个主成分之间的关系，各向量之间夹角的余弦值表示其代表指标间的相关性大小。总腾发量、茎磷浓度、叶磷浓度、穗磷浓

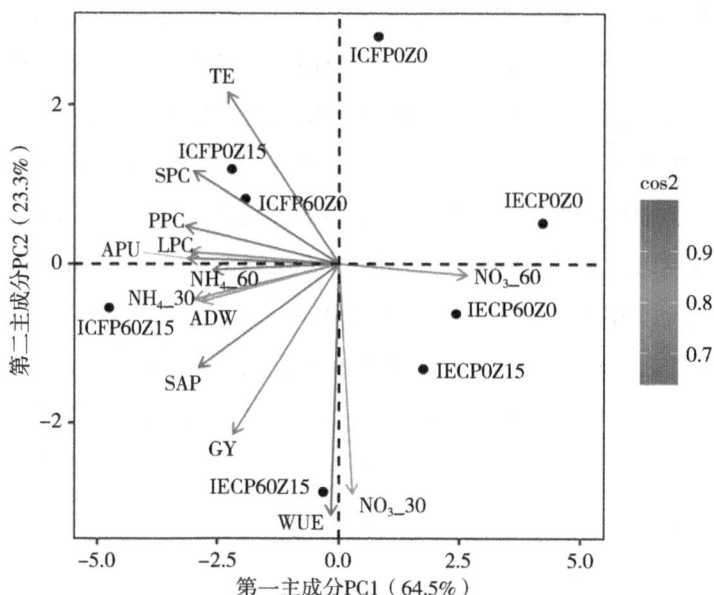

注：双标向量表示指标因子荷载，黑色圆点表示不同处理。GY、TE、WUE、SPC、LPC、PPC、ADW、APU、SAP、NH₄_30、NO₃_30、NH₄_60和NO₃_60分别表示产量、总腾发量、水分利用效率、茎磷浓度、叶磷浓度、穗磷浓度、地上部干重、地上部磷吸收、土壤有效磷、0～30cm深度$NH_4^+$-N和$NO_3^-$-N浓度及30～60cm深度$NH_4^+$-N和$NO_3^-$-N浓度

图4-4　各处理不同指标间主成分分析

度、地上部磷吸收、NH₄_30、NH₄_60、地上部干重、土壤有效磷及产量指标汇集在y轴左侧，而水分利用效率、NO₃_60及NO₃_60出现在y轴右侧。从图中各向量间相对位置可看出，产量与土壤有效磷、地上部干重、NH₄_30、NH₄_60、地上部磷吸收、叶、穗及茎磷浓度均具有较强的正相关性，而水分利用效率与总腾发量具有较强的负相关性，表明EC处理（总腾发量低）提高了水分利用效率，这与表4-4中的相关分析结果一致。此外，0～30与30～60cm土层$NO_3^-$-N含量均与总腾发量呈负相关关系，表明EC处理增加了土壤中$NO_3^-$-N含量，也将加重$NO_3^-$地下水污染。

表4-5　不同指标变量荷载得分及各主成分贡献率

| 指标 | PC1 | PC2 |
| --- | --- | --- |
| 产量 | −0.68 | −0.67 |
| 水分利用效率 | −0.05 | −0.98 |
| 总腾发量 | −0.71 | 0.67 |
| 茎磷浓度 | −0.93 | 0.36 |

| 指标 | PC1 | PC2 |
|---|---|---|
| 叶磷浓度 | −0.95 | 0.05 |
| 穗磷浓度 | −0.98 | 0.15 |
| 地上部干重 | −0.88 | −0.15 |
| 地上部磷吸收 | −0.97 | 0.02 |
| 土壤有效磷 | −0.89 | −0.41 |
| $NH_4\_30$ | −0.92 | −0.14 |
| $NO_3\_30$ | 0.09 | −0.90 |
| $NH_4\_60$ | −0.80 | −0.02 |
| $NO_3\_60$ | 0.83 | −0.04 |
| 特征值 | 8.38 | 3.03 |
| 贡献率（%） | 64.5 | 23.3 |
| 累计贡献率（%） | 64.5 | 87.8 |

注：对于各个指标，选取2个主成分中绝对值最大的荷载得分。选取特征值大于1的主成分列于表中，并认为其具有显著性（Tabachnick and Fidell, 1996）。$NH_4\_30$和$NO_3\_30$表示0～30cm土层$NH_4^+$-N和$NO_3^-$-N含量。$NH_4\_60$和$NO_3\_60$表示30～60 cm土层$NH_4^+$-N和$NO_3^-$-N含量。

不同灌溉模式（a）及沸石（b）处理PCA个体分组如图4-5所示，由图4-5a可看出，与CF处理相比，EC处理在PCA图中所在的位置更偏向于 x 轴正方向和 y 轴负方向，表明EC处理下总腾发量、各器官磷浓度、地上部干重及磷吸收、土壤有效磷、$NH_4\_30$及$NH_4\_60$均降低了，$NO_3\_60$提高了，至于产量，PC1（−0.68）与PC2（−0.67）下系数十分接近，因此并无显著影响，这也与前文方差分析结果一致（表4-1）；而水分利用效率与$NO_3\_30$均提高了。图4-5b中，沸石处理（Z15）较之无沸石处理（Z0）位置更偏向于 x 轴负方向和 y 轴负方向，表明沸石对产量、各器官磷浓度、地上部干重及磷吸收、土壤有效磷、及$NH_4\_30$与$NH_4\_60$均发挥出正效应，降低了$NO_3\_60$，提高了水分利用效率与$NO_3\_30$。从灌溉模式、磷肥量及沸石量综合处理来看（图4-4），IECP60Z15处理具有最高的水分利用效率（WUE）、$NO_3\_30$、较高的产量（GY）和相对较低的总腾发量（TE）；IECP0Z0与IECP60Z0处理较其他处理具有相对高的$NO_3\_60$，表明无沸石处理下EC将导致硝酸根向深层土壤淋溶；ICFP60Z15处理具有相对高的茎（SPC）、叶（LPC）及穗磷浓度（PPC）、$NH_4\_30$与$NH_4\_60$、地上部干重（ADW）、土壤有效磷（SAP）

及产量（GY）。因此，从水稻产量、资源消耗及环境效应角度综合考虑，并结合第一章中能量调控灌溉与斜发沸石对稻米品质的正效应，可得出IECP60Z15处理是实现稻田节水、高产、环保及品质综合目标最优的一种高效水肥管理模式。

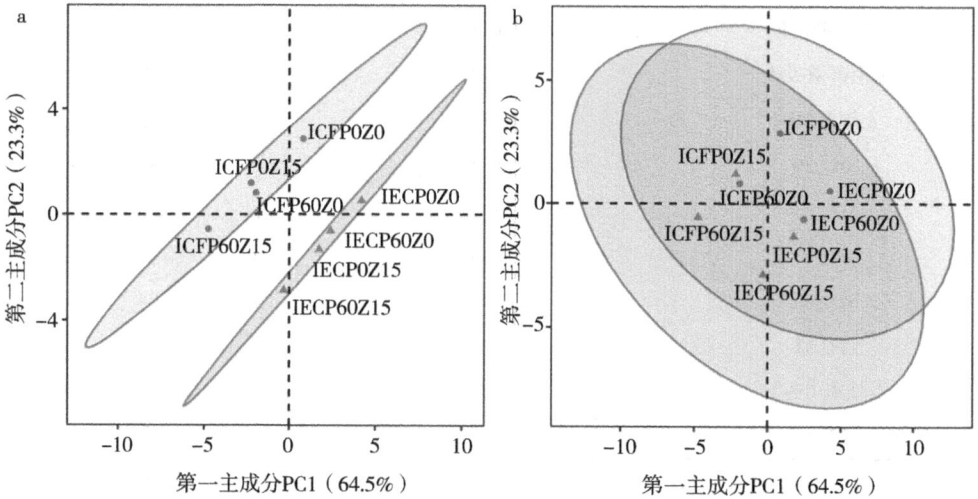

注：双标向量表示指标因子荷载，黑色圆点表示不同处理。GY、TE、WUE、SPC、LPC、PPC、ADW、APU、SAP、NH$_4$_30、NO$_3$_30、NH$_4$_60和NO$_3$_60分别表示产量、总腾发量、水分利用效率、茎磷浓度、叶磷浓度、穗磷浓度、地上部干重、地上部磷吸收、土壤有效磷、0~30cm深度NH$_4^+$-N和NO$_3^-$-N浓度及30~60cm深度NH$_4^+$-N和NO$_3^-$-N浓度

图4-5　不同灌溉模式与沸石处理PCA个体分组图

## 4.3　讨论

土壤中磷素对植株的有效性与土壤的氧化-还原状态密切相关（Borggaard et al., 2005; Torrent, 1997），即很大程度上受灌溉模式的影响（Haefele et al., 2006）。一般认为，植株对磷素的吸收随土壤干旱程度增加而降低（Alam，1999）。Ye et al.（2014）报道称，AWD较之CF处理植株磷积累量显著降低，主要归因于干湿交替状态下土壤有效磷含量的降低。本研究也发现了类似的结果，即EC处理下水稻地上部磷吸收量低于CF处理（表4-2）。同样地，Somaweera et al.（2016）和Wu et al.（2017）研究表明AWD处理下水稻地上部磷吸收低于CF处理。本研究中EC处理地上部磷吸收的降低可能归因于土壤有效磷含量的降低（表4-2），这是因为非淹水状态下土壤中磷素的溶解性和移动性要显著低于淹水状态（Kato et al., 2016）。因此，干湿交替灌溉下稻田需要投入多于持续淹灌的磷肥

量，以获取理想的水稻产量（Huguenin-Elie et al., 2003）。

大量研究表明，沸石与磷肥混合施用于土壤中可增加植株对磷素的吸收（Pickering et al., 2002; Bernardi et al., 2013; Latifah et al., 2017）。同样地，本研究发现稻田施用沸石显著增加了土壤有效磷含量及水稻地上部磷吸收量（表4-2）。这些结果与化全县等（2006）和李华兴等（2001a）的研究结果一致，他们发现沸石添加到土壤中显著提高了土壤有效磷含量。由于沸石材料偏碱性，其加入土壤后会提高土壤pH，进而降低$Al^{3+}$和$Fe^{2+}$含量，从而提高土壤有效磷含量（Palanivell et al., 2015）。此外，Pickering et al.（2012）报道称，磷矿石与沸石结合施用于土壤中极大地增强了植株对磷素的吸收，主要由于增加了土壤有效磷，沸石对土壤有效磷含量的提高可通过以下化学反应方程式（Allen et al., 1993）加以解释：

$$\text{Phosphate rock} + NH_4^+ - \text{zeolite} \rightleftharpoons Ca^{2+} - \text{zeolite} + NH_4^+ + PO_4^{3-} \qquad (4-1)$$

以上反应表示沸石作为铵根离子交换剂与磷矿石发生反应，从磷矿石中吸收$Ca^{2+}$，导致磷矿石不断溶解并释放$PO_4^{3-}$到土壤中。此外，作物根系对$NH_4^+$的吸收也会导致该可逆反应不断向右进行，以增加土壤有效磷含量。本研究中，不考虑灌溉模式的情况下，2016年P60处理下沸石对土壤有效磷含量的增加要高于P0处理，这表明沸石在土壤磷肥量充足的情况下对土壤有效磷量的提高更明显。此外，2017年IECP60Z0处理土壤有效磷含量低于ICFP60Z0处理，而IECP60Z15处理有效磷含量与ICFP60Z0处理相当，表明沸石能较好地缓解水分胁迫对土壤有效磷的限制。因此，沸石与减量磷肥混施或许能等价于常规磷肥量，以获取相当的植株磷吸收并维持水稻产量。

大量研究表明，沸石作为土壤改良剂可提高不同旱作物（Malekian et al., 2011; Najafinezhad et al., 2015; Hazrati et al., 2017; Faccini et al., 2018）及水稻（Sepaskhah and Barzegar, 2010; Chen et al., 2017b）产量。本研究中，15t/hm$^2$沸石较之无沸石处理2016与2017年水稻产量显著提高。沸石对水稻产量的提高一方面可归因于其较高的CEC和对$NH_4^+$的强吸附性，其吸附的$NH_4^+$在水稻需氮时逐渐释放，并供给植株吸收利用，以维持植株生长并提高产量，这点可从表层（0～30cm）土壤中沸石处理较之无沸石处理具有更高的$NH_4^+$含量得以证实。另一方面，沸石对地上部磷吸收的显著提高也能解释其增产原因，因为产量与地上部磷吸收呈显著正相关关系（图4-3a）。类似的结果也被Ahmed et al.（2010b）、Shaheen and Tsadilas（2013）及Pickering et al.（2002）报道过，他们发现沸石与磷肥混施于土壤显著提高了植株对磷的吸收。本研究中，磷肥处理较之无磷肥处理也显著提高了水稻产量，已有大量报道称磷肥可改善水稻生长并提高产量（Alam et al., 2009; Usman, 2013; Veronica et al., 2017）。磷肥对水稻产量的提高也可从其对地上部磷吸收的增加得以解释。

## 4.4　小结

本章研究了不同灌溉模式、磷肥量及斜发沸石量耦合效应对土壤有效磷、水稻植株各器官及地上部磷吸收、地上部干重、产量及水分利用的影响，主要结论如下：

（1）能量调控灌溉（EC）处理降低了土壤有效磷含量，说明水分胁迫在一定程度上限制了土壤磷素有效性；而磷肥与斜发沸石处理均显著提高了土壤有效磷含量，斜发沸石处理下土壤有效磷含量提高了15.8%。

（2）与持续淹灌（CF）相比，EC降低了植株茎、叶磷浓度及地上部磷吸收，穗部磷浓度无显著变化；斜发沸石与磷肥处理均显著提高了水稻茎、叶、穗部磷浓度及地上部磷吸收。

（3）斜发沸石与磷肥均显著提高了收获期水稻地上部干重，而EC处理在控制较好的情况下不会对水稻地上部干重造成影响。

（4）EC与CF处理间产量无显著差异，即EC处理在实现节水的同时亦能维持水稻产量；磷肥与斜发沸石处理均显著提高了水稻产量，且沸石的正效应至少能维持2年。此外，水稻产量与地上部磷吸收之间呈显著正相关关系，说明斜发沸石通过提高地上部磷吸收，以提高水稻产量。

（5）与CF处理相比，EC处理显著降低了水稻耗水量，并提高了水稻水分利用效率；磷肥与斜发沸石处理虽对水稻耗水量无显著影响，但其对产量的提高显著提高了水稻水分利用效率。

（6）多指标综合分析表明，能量调控灌溉下常规施磷肥量结合斜发沸石量15t/hm$^2$（IECP60Z15处理），不仅能提高水稻产量、节约灌溉水量，还能降低深层土壤中NO$_3^-$含量，缓解NO$_3^-$引起的地下水污染问题，即IECP60Z15处理是实现稻田节水、高产及环保综合目标最优的一种高效水肥管理模式。

# 5  结论与展望

## 5.1  主要结论

本文主要通过测坑试验研究了不同灌溉模式下斜发沸石对水稻生长生理特性、产量、稻米品质、渗漏液与土壤中无机氮含量及水氮利用的影响；采用室内试验研究了不同斜发沸石量对土壤持水性能的影响，以阐明斜发沸石对稻田土壤的持水机制；通过测筒试验研究了不同灌溉模式与磷肥管理下斜发沸石对土壤有效磷、水稻磷素吸收、产量及水分利用的影响，以探究节水稻田中磷素对斜发沸石的响应机制，进一步明确斜发沸石在节水稻田应用中的潜在效应及其作用机制，充分挖掘斜发沸石在土壤氮素保留、磷素有效性及水分持留方面的正效应，以期为节水、高产、优质、环保多目标综合最优型稻田管理模式的制定提供理论依据。主要研究结论如下：

（1）持续淹灌及常规施肥量水平下，试验区稻田最佳沸石施用量为15t/hm²。

（2）不同灌溉模式下，稻田施用斜发沸石显著提高了拔节孕穗期、抽穗开花期及乳熟期水稻叶面积指数，提高了拔节孕穗期和抽穗开花期水稻叶片SPAD值，并显著改善了抽穗开花期水稻叶片光合速率，通过对这些生理生长指标的改善进而显著提高水稻产量。

（3）与持续淹灌相比，干湿交替灌溉显著降低水稻产量，而能量调控灌溉能维持水稻产量，说明与常规干湿交替灌溉相比，依据水稻不同生育期对水分胁迫敏感程度不同而制定的能量调控灌溉具有节水稳产甚至增产的潜力。

（4）从土壤水分特性曲线来看，土壤持水能力随沸石量的增加而提高；在能量调控灌溉及干湿交替灌溉控水范围内，土壤含水量均随沸石量的增加而显著增加，且沸石处理下土水势增加引起的土壤含水量降低幅度较小。尽管沸石稍降低水稻总耗水量，其对产量的提高仍使得其显著提高水分利用效率。

（5）与持续淹灌相比，干湿交替灌溉与能量调控灌溉均显著降低水稻耗水量，并提高了水分利用效率。由于能量调控灌溉具有节水稳产效应，其水分利用效率最高。

（6）稻田施用沸石显著提高了土壤阳离子交换量。沸石显著降低了稻田渗漏液中$NH_4^+$-N与$NO_3^-$-N浓度，提高了稻田表层（0～30cm）土壤中$NH_4^+$-N与$NO_3^-$-N含量及深层（30～60cm）土壤中$NH_4^+$-N含量，并降低了深层土壤中$NO_3^-$-N含量，说明沸石可提高土壤对$NH_4^+$-N与$NO_3^-$-N的保留，并阻止$NO_3^-$-N向深层土壤的迁移，从而缓解$NO_3^-$引起的地下水污染问题。

（7）沸石显著提高了稻米整精米率，并通过降低垩白度及垩白粒率显著改善外观品质，对淀粉黏滞特性无显著影响；与持续淹灌相比，能量调控灌溉与干湿交替灌溉均显著改善稻米碾磨品质、外观品质及部分淀粉黏滞特性，说明适度水分胁迫有利于稻米品质的改善。

（8）沸石显著增加了稻田土壤有效磷含量，并提高了水稻地上部磷吸收量，这也是沸石增产的一个重要原因。且能量调控灌溉下，沸石能较好地缓解水分胁迫对土壤有效磷的限制，说明沸石应用于节水稻田能从土壤水分及有效磷含量方面有效缓解水分胁迫对植株的不利影响。

（9）稻田在能量调控灌溉下，采用常规施磷量并结合沸石量15t/hm²（IECP60Z15），不仅能节约灌溉水量、提高水稻产量，还能改善稻米品质并缓解$NO_3^-$引起的地下水污染问题，为节水、高产、优质、环保综合目标最优型水稻生产体系的实现提供了理论依据。

## 5.2　主要创新点

本研究的特色与创新之处主要有以下几点：

（1）通过斜发沸石与灌溉模式耦合试验，揭示了斜发沸石可通过提高水稻分蘖、叶面积指数、叶片SPAD值及光合特性等指标以改善植株生长，进而提高水稻产量，且斜发沸石在能量调控灌溉等节水技术下的正效应更为明显，并明确了斜发沸石可以改善稻米外观品质。

（2）与常规淹灌相比，节水灌溉下稻田往往存在氮素损失严重的问题，本文将斜发沸石应用到节水稻田中，研究了斜发沸石对植株氮素积累、稻田渗漏液及土壤$NH_4^+$-N与$NO_3^-$-N变化的影响，较为全面地揭示了斜发沸石对土壤氮素的保留机制及对地下水硝酸污染的缓解效应。

（3）本文通过灌溉模式、磷肥量与沸石量耦合试验，研究了不同灌溉模式下稻田中磷素对斜发沸石的响应，并从磷素角度进一步揭示了沸石的增产机制。此外，水分胁迫下斜发沸石对土壤有效磷及植株磷素吸收的正效应，也为节水灌溉方式下稻田（尤其是低磷酸性土壤）有效磷含量的提高提供了一种新的途径。

## 5.3　展望

本研究将斜发沸石应用到节水稻田中，并证实了其对稻田生产系统的潜在正效应，但沸石对土壤氮、磷等养分及水分的影响仍受许多其它因素的影响，如土壤质地、土壤pH、肥料形式、沸石种类、沸石施入方式等。此外，对于能量调控灌溉，仅从表观指标尚不能充分解释其对产量的影响机制，需从根系方面作深入研究。因此，针对能量调控灌溉和斜发沸石在稻田中的应用，仍存在一些值得进一步研究的问题：

（1）由于水分胁迫对水稻生长的影响很大程度上取决于其根系能否在干旱时期仍吸收到水分，具有不同根系形态特征及活性的水稻品种对水分胁迫的响应势必会不同，因此，很有必要开展能量调控灌溉对具有不同根系形态特征及活性的水稻品种生长影响的研究，并筛选出适宜于该节水技术的水稻品种。

（2）研究斜发沸石对不同质地稻田土壤养分及水分保留性能的影响。

（3）研究斜发沸石对不同pH土壤中氮磷等养分的影响及其作用机制。

（4）不同形式肥料对氮素的释放机制也不同，研究斜发沸石与有机和无机肥料混施对稻田的影响效应。

（5）研究斜发沸石以不同形式或施入不同深度土壤对稻田生产系统的影响。

（6）进一步研究不同形式斜发沸石（铵饱和斜发沸石和天然斜发沸石）与不同形式磷肥（可溶性磷肥和磷矿粉）混施对稻田土壤有效磷及植株磷素吸收的影响。

（7）由于土壤无机氮或水稻氮素吸收均来自土壤固有氮素和所施氮肥两部分，仅从所施入氮肥考虑并不能准确反应沸石对氮素的影响，采用$^{15}$N同位素标记法能更准确地揭示沸石对氮肥的吸收和利用。

# 参考文献

[1] 卞金龙, 蒋玉龙, 刘艳阳, 等. 干湿交替灌溉对抗旱性不同水稻品种产量的影响及其生理原因分析[J]. 中国水稻科学, 2017, 31 (4): 379–390.

[2] 蔡一霞, 王维, 朱智伟, 等. 结实期水分胁迫对不同氮肥水平下水稻产量及其品质的影响[J]. 应用生态学报, 2006, 17 (7): 1201–1206.

[3] 蔡一霞, 朱庆森, 王志琴, 等. 结实期土壤水分对稻米品质的影响[J]. 作物学报, 2002, 28 (5): 601–608.

[4] 陈琳. 黑土区水稻调亏灌溉模式的研究[D]. 哈尔滨: 东北农业大学, 2010.

[5] 陈培峰, 顾俊荣, 韩立宇, 等. 麦秆还田和结实期灌溉模式对超级稻籽粒结实和米质的影响[J]. 中国生态农业学报, 2014, 22 (5): 543–550.

[6] 陈涛涛. 斜发沸石对滨海稻田水氮耦合效应的影响研究[D]. 沈阳: 沈阳农业大学, 2016.

[7] 陈涛涛, 孙德环, 张旭东, 等. 干湿交替灌溉下水氮耦合对沸石处理稻田产量和水氮利用的影响[J]. 农业工程学报, 2016, 32 (22): 154–162.

[8] 程建平, 曹凑贵, 蔡明历, 等. 不同灌溉模式对水稻产量和水分生产率的影响[J]. 农业工程学报, 2006, 22 (12): 28–33.

[9] 迟道才, 王殿武. 北方水稻节水理论与实践[M]. 北京: 中国农业科技出版社, 2003.

[10] 郭相平, 杨骕, 王振昌, 等. 旱涝交替胁迫对水稻产量和品质的影响[J]. 灌溉排水学报, 2015, 34 (1): 13–16.

[11] 化全县, 李见云, 周建民. 天然沸石对磷、钾在红壤中迁移影响的室内模拟研究[J]. 农业工程学报, 2006, 22 (9): 261–263.

[12] 李见云, 化全县, 谭金芳, 等. 天然沸石对磷在潮土中有效性的影响[J]. 中国农学通报, 2009, 25 (11): 102–105.

[13] 李鹏, 安志装, 赵同科, 等. 天然沸石对土壤镉及番茄生物量的影响[J]. 生态环境学报, 2011, 20 (6–7): 1147–1151.

[14] 李亚龙, 崔远来, 李远华, 等. 以土水势为灌溉指标的水稻节水灌溉研究[J]. 灌溉排水学报, 2004, 23 (5): 14–16.

[15] 林洪鑫, 肖运萍, 刘方平, 等. 水分管理与氮肥运筹对水稻磷素吸收利用的影响[J]. 湖南农业科学, 2012, (13): 52–55.

[16] 刘凯, 张耗, 张慎凤, 等. 结实期土壤水分和灌溉模式对水稻产量与品质的影响及其生理原因[J]. 作物学报, 2008, 34 (2): 268–276.

[17] .刘立军, 李鸿伟, 赵步洪, 等. 结实期干湿交替处理对稻米品质的影响及其生理机制[J]. 中国水稻科学, 2012, 26 (1): 77–84.

[18] 吕艳东, 郑桂萍, 郭晓红, 等. 土壤水势下限对寒地水稻品质的影响[J]. 中国水稻科学, 2011, 25 (5): 515–522.

[19] 王成瑷, 王伯伦, 张文香, 等. 土壤水分胁迫对水稻产量和品质的影响[J]. 作物学报, 2006, 32 (1): 131–137.

[20] 王丹英, 韩勃, 章秀福, 等. 水稻根际含氧量对根系生长的影响[J]. 作物学报, 2008, 34 (5): 803–808.

[21] 王绍华, 曹卫星, 丁艳锋, 等. 水氮互作对水稻氮吸收与利用的影响[J]. 中国农业科学, 2004, 37 (4): 497–501.

[22] 魏江生, 山本太平, 董智. 在干旱区农业开发中对人工沸石作用的探讨[J]. 干旱区资源与环境, 2005, 5 (3): 150–152.

[23] 肖新, 赵言文, 胡锋, 等. 南方丘陵典型季节性干旱区水稻节水灌溉的密肥互作效应研究[J]. 干旱地区农业研究, 2005, 23 (6): 73–79.

[24] 徐国伟, 陆大克, 王贺正, 等. 干湿交替灌溉与施氮量对水稻叶片光合性状的耦合效应[J]. 植物营养与肥料学报, 2017, 23 (5): 1225–1237.

[25] 姚林, 郑华斌, 刘建霞, 等. 中国水稻节水灌溉技术的现状与发展趋势[J]. 生态学杂志, 2014, 33 (5): 1381–1387.

[26] 张建设, 程尚志, 刘东华, 等. 生育中后期干旱胁迫对栽培稻产量和米质的影响[J]. 湖北农业科学, 2007, 5: 689–691.

[27] 张自常, 徐云姬, 褚光, 等. 不同灌溉模式下的水稻群体质量[J]. 作物学报, 2011, 37 (11): 2011–2019.

[28] 郑桂萍, 陈书强, 郭晓红, 等. 土壤水分对稻米成分及食味品质的影响[J]. 沈阳农业大学学报, 2004, 35 (4): 332–335.

[29] 周明耀, 赵瑞龙, 顾玉芬, 等. 水肥耦合对水稻地上部分生长与生理性状的影响[J]. 农业工程学报, 2006, 22 (8): 38–43.

[30] Baghbani-Arani A, Modarres-Sanavy S A M, Mashhadi-Akbar-Boojar M, et al. Towards improving the agronomic performance, chlorophyll fluorescence parameters and pigments in fenugreek using zeolite and vermicompost under deficit water stress[J]. Industrial Crops and Products, 2017, 109:

346–357.

[31] Belder P, Bouman B A M, Cabangon R, et al. Effect of water–saving irrigation on rice yield and water use in typical lowland conditions in Asia[J]. Agricultural Water Management, 2004, 65 (3): 193–210.

[32] Belder P, Bouman B A M, Spiertz J H J. Exploring options for water savings in lowland rice using a modelling approach[J]. Agricultural Systems, 2007, 92 (1–3): 91–114.

[33] Belder P, Spiertz J H J, Bouman B A M, et al. Nitrogen economy and water productivity of lowland rice under water–saving irrigation[J]. Field Crops Research, 2005, 93: 169–185.

[34] Bernardi A C, Oliviera P P A, De Melo Monte M B, et al. Brazilian sedimentary zeolite use in agriculture[J]. Microporous and Mesoporous Materials, 2013, 167: 16–21.

[35] Bigelow C A, Bowman D C, Cassel D K, et al. Creeping bentgrass response to inorganic soil amendments and mechanically induced subsurface drainage and aeration[J]. Crop Science, 2001, 41 (3): 797–805.

[36] Borggaard O K, Raben–Lange B, Gimsing A L, et al. Influence of humic substances on phosphate adsorption by aluminium and iron oxides[J]. Geoderma, 2005, 127 (3–4): 270–279.

[37] Bouman B A M, Tuong T P. Field water management to save water and increase its productivity in irrigated rice[J]. Agricultural Water Management, 2001, 49 (1): 11–30.

[38] Cabangon R J, Castillo E G, Tuong T P. Chlorophyll meter–based nitrogen management of rice grown under alternate wetting and drying irrigation[J]. Field Crops Research, 2011, 121 (1): 136–146.

[39] Cabangon R J, Tuong T P, Castillo E G, et al. Effect of irrigation method and N–fertilizer management on rice yield, water productivity and nutrient–use efficiencies in typical lowland rice conditions in China[J]. Paddy Water Environment, 2004, 2 (4): 195–206.

[40] Campisi T, Abbondanzi F, Faccini B, et al. Ammonium–charged zeolite effects on crop growth and nutrient leaching: greenhouse experiments on maize (Zea mays)[J]. Catena, 2016, 140: 66–76.

[41] Carrijo D R, Lundy M E, Linquist B A. Rice yields and water use under alternate wetting and drying irrigation: a meta–analysis[J]. Field Crops Research, 2017, 203: 173–180.

[42] Chaves M M, Flexas J, Pinheiro C. Photosynthesis under drought and salt stress: regulation mechanisms from whole plant to cell[J]. Annals of Botany, 2009, 103 (4): 551–560.

[43] Chen T, Xia G, Wu Q, et al. The influence of zeolite amendment on yield performance, quality characteristics, and nitrogen use efficiency of paddy rice[J]. Crop Science, 2017, 57 (5): 2777–2787.

[44] Cheng W, Zhang G, Zhao G, et al. Variation in rice quality of different cultivars and grain positions as affected by water management[J]. Field Crops Research, 2003, 80 (3): 245–252.

[45] Chu G, Wang Z, Zhang H, et al. Alternate wetting and moderate drying increases rice yield and reduced methane emission in paddy field with wheat straw residue incorporation[J]. Food and Energy

Security, 2015, 4: 238–254.

[46] Das S, Chou M L, Jean J S, et al. Water management impacts on arsenic behavior and rhizosphere bacterial communities and activities in a rice agro–ecosystem[J]. Science of the Total Environment, 2016, 542: 642–652.

[47] Dong N M, Brandt K K, Sørensen J, et al. Effects of alternating wetting and drying versus continuous flooding on fertilizer nitrogen fate in rice fields in the Mekong Delta, Vietnam[J]. Soil Biology and Biochemistry, 2012, 47: 166–174.

[48] Faccini B, Di Giuseppe D, Ferretti G, et al. Natural and $NH_4^+$–enriched zeolitite amendment effects on nitrate leaching from a reclaimed agricultural soil (Ferrara Province, Italy)[J]. Nutrient Cycling in Agroecosystems, 2018, 110 (2): 327–341.

[49] Feng L, Bouman B A M, Tuong T P, et al. Exploring options to grow rice using less water in northern China using a modelling approach: I. Field experiments and model evaluation[J]. Agricultural Water Management, 2007, 88 (1–3): 1–13.

[50] Gholamhoseini M, AghaAlikhani M, Dolatabadian A, et al. Decreasing nitrogen leaching and increasing canola forage yield in a sandy soil by application of natural zeolite[J]. Agronomy Journal, 2012, 104 (5): 1467–1475.

[51] Gholamhoseini M, Ghalavand A, Khodaei–Joghan A, et al. Zeolite–amended cattle manure effects on sunflower yield, seed quality, water use efficiency and nutrient leaching[J]. Soil and Tillage Research, 2013, 126: 193–202.

[52] Haefele S M, Naklang K, Harnpichitvitaya D, et al. Factors affecting rice yield and fertilizer response in rainfed lowlands of northeast Thailand[J]. Field Crops Research, 2006, 98 (1): 39–51.

[53] Hazrati S, Tahmasebi–Sarvestani Z, Mokhtassi–Bidgoli A, et al. Effects of zeolite and water stress on growth, yield and chemical compositions of Aloe vera L[J]. Agricultural Water Management, 2017, 181: 66–72.

[54] He Z L, Calvert D V, Alva A K, et al. Clinoptilolite zeolite and cellulose amendments to reduce ammonia volatilization in a calcareous sandy soil[J]. Plant and Soil, 2002, 247 (2): 253–260.

[55] Howell K R, Shrestha P, Dodd I C. Alternate wetting and drying irrigation maintained rice yields despite half the irrigation volume, but is currently unlikely to be adopted by smallholder lowland rice farmers in Nepal[J]. Food and Energy Security, 2015, 4: 144–157.

[56] Huguenin–Elie O, Kirk G J D, Frossard E. Phosphorus uptake by rice from soil that is flooded, drained or flooded then drained[J]. European Journal of Soil Science, 2003, 54 (1): 77–90.

[57] Ju X T, Xing G X, Chen X P, et al. Reducing environmental risk by improving N management in intensive Chinese agricultural systems[J]. Proceedings of the National Academy of Sciences of the

United States of America, 2009, 106 (9): 3041–3046.

[58] Karapınar N. Application of natural zeolite for phosphorus and ammonium removal from aqueous solutions[J]. Journal of Hazardous Materials, 2009, 170 (2–3): 1186–1191.

[59] Kato Y, Okami M. Root growth dynamics and stomatal behaviour of rice (Oryza sativa L.) grown under aerobic and flooded conditions[J]. Field Crops Research, 2010, 117 (1): 9–17.

[60] Kato Y, Tajima R, Toriumi A, et al. Grain yield and phosphorus uptake of rainfed lowland rice under unsubmerged soil stress[J]. Field Crops Research, 2016, 190: 54–59.

[61] Kumar A, Nayak A K, Pani D R, et al. Physiological and morphological responses of four different rice cultivars to soil water potential based deficit irrigation management strategies[J]. Field Crops Research, 2017, 205: 78–94.

[62] LaHue G T, Chaney R L, Adviento–Borbe M A, et al. Alternate wetting and drying in high yielding direct–seeded rice systems accomplishes multiple environmental and agronomic objectives[J]. Agriculture, Ecosystems & Environment, 2016, 229: 30–39.

[63] Lampayan R M, Rejesus R M, Singleton G R, et al. Adoption and economics of alternate wetting and drying water management for irrigated lowland rice[J]. Field Crops Research, 2015, 170: 95–108.

[64] Lampayan R M, Samoy–Pascual K C, Sibayan E B, et al. Effects of alternate wetting and drying (AWD) threshold level and plant seedling age on crop performance, water input and water productivity of transplanted rice in Central Luzon[J]. Paddy Water Environment, 2014, 13 (3): 215–227.

[65] Leggo P J. An investigation of plant growth in an organo–zeolitic substrate and its ecological significance[J]. Plant and Soil, 2000, 219 (1–2): 135–146.

[66] Li H, Li M. Sub–group formation and the adoption of the alternate wetting and drying irrigation method for rice in China[J]. Agricultural Water Management, 2010, 97 (5): 700–706.

[67] Li H, Liang X Q, Chen Y X, et al. Ammonia volatilization from urea in rice fields with zero–drainage water management[J]. Agricultural Water Management, 2008, 95: 887–894.

[68] Li S X, Wang Z H, Stewart B A. Responses of crop plants to ammonium and nitrate N[J]. Advances in Agronomy, 2013, 118: 205–396.

[69] Li Y H, Barker R. Increasing water productivity for paddy irrigation in China[J]. Paddy and Water Environment, 2004, 2 (4): 187–193.

[70] Li Z, Li Z, Letuma P, et al. A positive response of rice rhizosphere to alternate moderate wetting and drying irrigation at grain filling stage[J]. Agricultural Water Management, 2018, 207: 26–36.

[71] Li Z. Use of surfactant–modified zeolite as fertilizer carriers to control nitrate release[J]. Microporous and Mesoporous Materials, 2003, 61 (1–3): 181–188.

[72] Linquist B, Anders M M, Adviento–Borbe M A A, et al. Reducing greenhouse gas emissions, water

use, and grain arsenic levels in rice systems[J]. Global Change Biology, 2014, 21: 407–417

[73] Liu J, Diamond J. China's environment in a globalizing world[J]. Nature, 2005, 435 (7046): 1179–1186.

[74] Liu J, Diamond J. Revolutionizing China's environmental protection[J]. Science, 2008, 319 (5859): 37–38.

[75] Liu L, Chen T, Wang Z, et al. Combination of site-specific nitrogen management and alternate wetting and drying irrigation increases grain yield and nitrogen and water use efficiency in super rice[J]. Field Crops Research, 2013, 154: 226–235.

[76] Liu S, Qin Y, Zou J, et al. Effects of water regime during rice-growing season on annual direct N2O emission in a paddy rice - winter wheat rotation system in southeast China[J]. Science of the Total Environment, 2010, 408: 906–913.

[77] Lu J, Ookawa T, Hirasawa T. The effects of irrigation regimes on the water use, dry matter production and physiological responses of paddy rice[J]. Plant and Soil, 2000, 223 (1–2): 209–218.

[78] Mahajan G, Chauhan B S, Timsina J, et al. Crop performance and water and nitrogen-use efficiencies in dry-seeded rice in response to irrigation and fertilizer amounts in northwest India[J]. Field Crops Research, 2012, 134: 59–70.

[79] Malekian R, Abedi-Koupai J, Eslamian S S. Influences of clinoptilolite and surfactant-modified clinoptilolite zeolite on nitrate leaching and plant growth[J]. Journal of Hazardous Materials, 2011, 185 (2–3): 970–976.

[80] Massacci A, Nabiev S M, Pietrosanti L, et al. Response of the photosynthetic apparatus of cotton (Gossypium hirsutum) to the onset of drought stress under field conditions studied by gas-exchange analysis and chlorophyll fluorescence imaging[J]. Plant Physiology and Biochemistry, 2008, 46: 189–195.

[81] McGilloway R L, Weaver R W, Ming D W, et al. Nitrification in a zeoponic substrate[J]. Plant and Soil, 2003, 256 (2): 371–378.

[82] Nalley L L, Linquist B, Kovacs K F, et al. The economic viability of alternate wetting and drying irrigation in Arkansas rice production[J]. Agronomy Journal, 2015, 107 (2): 579–587.

[83] Norton G J, Shafaei M, Travis A J, et al. Impact of alternate wetting and drying on rice physiology, grain production, and grain quality[J]. Field Crops Research, 2017, 205: 1–13.

[84] Pan J, Liu Y, Zhong X, et al. Grain yield, water productivity and nitrogen use efficiency of rice under different water management and fertilizer-N inputs in South China[J]. Agricultural Water Management, 2017, 184: 191–200.

[85] Pandey A, Mai V T, Vu D Q, et al. Organic matter and water management strategies to reduce

methane and nitrous oxide emissions from rice paddies in Vietnam[J]. Agriculture, Ecosystem & Environment, 2014, 196: 137–146.

[86] Peng S, Buresh R J, Huang J, et al. Strategies for overcoming low agronomic nitrogen use efficiency in irrigated rice systems in China[J]. Field Crops Research, 2006, 96 (1): 37–47.

[87] Peng S, Buresh R J, Huang J, et al. Improving nitrogen fertilization in rice by site–specific N management. A review[J]. Agronomy for Sustainable Development, 2010, 30 (3): 649–656.

[88] Rothenberg S E, Anders M, Ajami N J, et al. Water management impacts rice methylmercury and the soil microbiome[J]. Science of the Total Environment, 2016, 572: 608–617.

[89] Sepaskhah A R, Barzegar M. Yield, water and nitrogen–use response of rice to zeolite and nitrogen fertilization in a semi–arid environment[J]. Agricultural Water Management, 2010, 98 (1): 38–44.

[90] Somaweera K A T N, Suriyagoda L D B, Sirisena D N, et al. Accumulation and partitioning of biomass, nitrogen, phosphorus and potassium among different tissues during the life cycle of rice grown under different water management regimes[J]. Plant and Soil, 2016, 401 (1–2): 169–183.

[91] Spiertz J H J. Nitrogen, sustainable agriculture and food security. A review[J]. Agronomy for Sustainable Development, 2010, 30: 43–55.

[92] Sun Y, Ma J, Sun Y, et al. The effects of different water and nitrogen managements on yield and nitrogen use efficiency in hybrid rice of China[J]. Field Crops Research, 2012, 127: 85–98.

[93] Suriyagoda L, De Costa W A J M, Lambers H. Growth and phosphorus nutrition of rice when inorganic fertiliser application is partly replaced by straw under varying moisture availability in sandy and clay soils[J]. Plant and Soil, 2014, 384 (1–2): 53–68.

[94] Tabbal D F, Bouman B A M, Bhuiyan S I, et al. On–farm strategies for reducing water input in irrigated rice: case studies in the Philippines[J]. Agricultural Water Management, 2002, 56 (2): 93–112.

[95] Tan X, Shao D, Gu W, et al. Field analysis of water and nitrogen fate in lowland paddy fields under different water managements using HYDRUS–1D[J]. Agricultural Water Management, 2015, 150: 67–80.

[96] Tan X, Shao D, Liu H, et al. Effects of alternate wetting and drying irrigation on percolation and nitrogen leaching in paddy fields[J]. Paddy and Water Environment, 2013, 11 (1–4): 381–395.

[97] Thakur A K, Mandal K G, Mohanty R K, et al. Rice root growth, photosynthesis, yield and water productivity improvements through modifying cultivation practices and water management[J]. Agricultural Water Management, 2018, 206: 67–77.

[98] Tian G M, Cai Z C, Cao J L, et al. Factors affecting ammonia volatilization from a rice‐wheat rotation system[J]. Chemosphere, 2001, 42: 123–129.

[99] Wang Z, Zhang W, Beebout S S, et al. Grain yield, water and nitrogen use efficiencies of rice as influenced by irrigation regimes and their interaction with nitrogen rates[J]. Field Crops Research, 2016, 193: 54–69.

[100] Wang S Q, Zhao X, Xing G X. Phosphorus pool in paddy soil and scientific fertilization in typical areas of Taihu Lake Watershed[J]. Soils, 2012, 44: 158–162.

[101] Win K, Nonaka R, Toyota K, et al. Effects of option mitigating ammonia volatilization on CH4 and N2O emissions from a paddy field fertilized with anaerobically digested cattle slurry[J]. Biology and Fertility of Soils, 2010, 46: 589–595.

[102] Xu Y, Ge J, Tian S, et al. Effects of water–saving irrigation practices and drought resistant rice variety on greenhouse gas emissions from a no–till paddy in the central lowlands of China[J]. Science of the Total Environment, 2015, 505: 1043–1052.

[103] Xu J, Peng S, Yang S, et al. Ammonia volatilization losses from a rice paddy with different irrigation and nitrogen managements[J]. Agricultural Water Management, 2012, 104: 184–192.

[104] Xue Y G, Duan H, Liu L J, et al. An improved crop management increases grain yield and nitrogen and water use efficiency in rice[J]. Crop Science, 2013, 53: 271–284.

[105] Yang C, Yang L, Yang Y, et al. Rice root growth and nutrient uptake as influenced by organic manure in continuously and alternately flooded paddy soils[J]. Agricultural Water Management, 2004, 70: 67–81.

[106] Yang J C, Zhang H, Zhang J H. Root morphology and physiology in relation to the yield formation of rice[J]. Journal of Integrative Agriculture, 2012, 11 (6): 920–926.

[107] Yang J C, Zhang J H. Crop management techniques to enhance harvest index in rice[J]. Journal of Experimental Botany, 2010, 61 (12): 3177–3189.

[108] Yang J, Zhang J. Gain filling of cereals under soil drying[J]. New Phytologist, 2006, 169: 223–236.

[109] Yao F, Huang J, Cui K, et al. Agronomic performance of high–yielding rice variety grown under alternate wetting and drying irrigation[J]. Field Crops Research, 2012, 126: 16–22.

[110] Zhang H, Xue Y, Wang Z, et al. An alternate wetting and moderate soil drying regime improves root and shoot growth in rice[J]. Crop Science, 2009, 49: 2246–2260.

[111] Zhang Z, Zhang S, Yang J, et al. Yield, grain quality and water use efficiency of rice under non–flooded mulching cultivation[J]. Field Crops Research, 2008, 108 (1): 71–81.

[112] Zhou Q, Ju C X, Wang Z Q, et al. Grain yield and water use efficiency of super rice under soil water deficit and alternate wetting and drying irrigation[J]. Journal of Integrative Agriculture, 2017, 16: 1028–1043.

## 中英文缩略词对照表

| 缩略语 | 英文全称 | 中文名称 |
|---|---|---|
| ADW | Aboveground dry weight | 地上部干重 |
| ANU | Aboveground nitrogen uptake | 地上部氮吸收量 |
| APU | Aboveground phosphorus uptake | 地上部磷吸收量 |
| AWD | Alternate wetting and drying irrigation | 干湿交替灌溉 |
| BD | Breakdown | 崩解值 |
| BRR | Brown rice rate | 糙米率 |
| CEC | Cation exchange capacity | 阳离子交换量 |
| CF | Continuous flooding irrigation | 持续淹灌 |
| CRR | Chalky rice rate | 垩白粒率 |
| CSV | Consistence viscosity | 回复值 |
| CV | Cool viscosity | 冷浆黏度 |
| EC | Energy-controlled irrigaiton | 能量调控灌溉 |
| GY | Grain yield | 产量 |
| HF | Heading - flowering stage | 抽穗开花期 |
| HRR | Head rice rate | 整精米率 |
| HV | Hot viscosity | 热浆黏度 |
| JB | Jointing - booting stage | 拔节孕穗期 |
| LAI | Leaf area index | 叶面积指数 |
| LPC | Leaf phosphorus concentration | 叶部磷浓度 |
| MR | Milky ripening stage | 乳熟期 |
| MRR | Milled rice rate | 精米率 |
| PAT | Pasting temperature | 糊化温度 |
| PET | Peak time | 峰值时间 |
| PPC | Panicle phosphorus concentration | 穗部磷浓度 |
| PV | Peak viscosity | 最高黏度 |
| SAP | Soil available phosphorus | 土壤有效磷 |
| SEB | Setback | 消减值 |
| SPC | Stem phosphorus concentration | 茎部磷浓度 |
| SWP | Soil water potential | 土水势 |
| T | Tillering stage | 分蘖期 |
| TE | Total evapotranspiration | 总腾发量 |
| WC | Water consumption | 耗水量 |
| WUE | Water use efficiency | 水分利用效率 |